L'Univers

Éditeur	Jacques Fortin
Directeur éditorial	François Fortin
Rédacteur en chef	Serge D'Amico
Directeur artistique	Marc Lalumière
Designer graphique	Anne Tremblay
Rédacteurs	Nathalie Fredette
	Claude Lafleur
	Stéphane Batigne
Illustrateurs	Mamadou Togola
	Alain Lemire
	Hoang -Khanh Le
	Ara Yazedjian
	Jean-Yves Ahern
	Michel Rouleau
	Mélanie Boivin
Graphistes	Lucie Mc Brearty
	Véronique Boisvert
	Geneviève Théroux Béliveau
	Pascal Goyette
Documentalistes-recherchistes	Anne-Marie Villeneuve
	Anne-Marie Brault
Astronome consultant	Louie Bernstein
Correction	Liliane Michaud
Responsables de la production	Gaétan Forcillo
	Guylaine Houle
Technicien en préimpression	Tony O'Riley

Données de catalogage avant publication (Canada)

Vedette principale au titre : Comprendre l'Univers

(Les guides de la connaissance ; 1)
Comprend un index.

ISBN 2 -7644 -0016 -0

1. Astronomie - Encyclopédies. 2. Univers - Encyclopédies. 3. Planètes - Encyclopédies. 4. Étoiles - Encyclopédies. 5. Espace extra-atmosphérique - Exploration - Encyclopédies. 6. Astronomie - Observation - Encyclopédies. I. Collection.

QB14.U54 2001   520'.3   C99 -941236 -1

 Comprendre l'Univers fut conçu et créé par **QA International**, une division de Les Éditions Québec Amérique inc., 329, rue de la Commune Ouest, 3ᵉ étage Montréal (Québec) H2Y 2E1 Canada **T** 514.499.3000 **F** 514.499.3010

©2001 Éditions Québec Amérique inc.

Nous reconnaissons l'aide financière du gouvernement du Canada par l'entremise du Programme d'aide au développement de l'industrie de l'édition (PADIÉ) pour nos activités d'édition.

Les Éditions Québec Amérique tiennent également à remercier les organismes suivants pour leurs appuis financiers :

Imprimé et relié en Slovaquie.
10 9 8 7 6 5 4 3 2 1   04 03 02 01
www.quebec-amerique.com

L'Univers

Comprendre le cosmos
et l'exploration spatiale

QUÉBEC AMÉRIQUE

Table des

46 Pluton

45 Neptune

44 Uranus

43 Saturne

42 Jupiter

40 Les comètes

38 Les météorites

37 Les astéroïdes

36 Mars

35 Les éclipses lunaires

34 Les phases lunaires

32 La Lune

30 Le phénomène des saisons

29 Les coordonnées astronomiques

28 Les coordonnées géographiques

26 L'atmosphère terrestre

24 La magnétosphère

22 Comment est née la Terre

21 La Terre

20 Vénus

19 Mercure

74 Les galaxies actives

73 Les amas de galaxies

72 Le groupe local

70 La Voie lactée

69 La classification des galaxies

68 Les galaxies

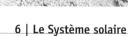

6 | Le Système solaire

8   Le Système solaire

10 Tableau comparatif des planètes

12 Le Soleil

14 L'évolution du Soleil

16 Les éclipses solaires

17 | Planètes et satellites

47 | Les étoiles

49 D'où viennent les étoiles ?

50 Les étoiles multiples

51 La classification des étoiles

52 Les étoiles de faible masse

54 Les étoiles massives

56 Étranges trous noirs

58 Les amas stellaires

60 Les constellations imaginaires

62 Les constellations de l'hémisphère austral

64 Les constellations de l'hémisphère boréal

66 | Les galaxies

matières

118 La navette spatiale
117 Objectif Mars
116 L'exploration des petites planètes
115 Clementine et Lunar Prospector
114 Mars Global Surveyor
113 Pathfinder
112 Ulysses
111 Cassini et Huygens
110 Galileo
109 Magellan
108 Voyager
107 Viking
106 Pioneer 10 et 11
104 Les sondes spatiales

83 Le rayonnement de fond cosmologique
82 L'expansion de l'Univers
80 Le Big Bang
78 Les dimensions de l'Univers

76 | Structure de l'Univers

84 | Observation astronomique

102 | Exploration spatiale

120 | Glossaire

122 | Index

86 Le spectre électromagnétique
88 Les télescopes
90 Les premiers observatoires astronomiques
92 Une nouvelle génération de télescopes
94 Le télescope spatial Hubble
96 Les radiotélescopes
98 La vie ailleurs dans l'Univers
100 La découverte de planètes extrasolaires

Bien qu'il soit incroyablement grand de notre point de vue, le Système solaire est un monde infiniment petit à l'échelle de l'Univers. Son étude se révèle pourtant déterminante lorsqu'on désire scruter l'Univers. Notre Soleil, l'astre de feu autour duquel orbitent les planètes, n'est-il pas une étoile comme l'Univers en compte un nombre astronomique ?

Le Système solaire

8 **Le Système solaire**
Notre petit coin d'Univers

10 **Tableau comparatif des planètes**
Le tour du Système solaire

12 **Le Soleil**
Une étoile bien ordinaire

14 **L'évolution du Soleil**
La naissance et le destin de notre étoile

16 **Les éclipses solaires**
Une disparition spectaculaire

Le Système solaire

Notre petit coin d'Univers

Le Système solaire comprend une étoile (le Soleil), neuf planètes, une soixantaine de satellites naturels qui gravitent autour des planètes, des milliers d'astéroïdes (petits astres rocheux), des millions de comètes (boules de neige sale), des milliards de cailloux ainsi que de la poussière cosmique et des gaz.

LA VOIE LACTÉE

Notre Système solaire est situé en périphérie de la Voie lactée, notre Galaxie. Il s'étend sur quelque 12 milliards de kilomètres. Pourtant, si on compare la Voie lactée à une plage, il ne s'agit là que d'un grain de sable.

LES PLANÈTES EXTERNES

Les planètes les plus éloignées du Soleil sont des planètes géantes gazeuses (principalement composées d'hydrogène et d'hélium) qui possèdent généralement des anneaux et plusieurs satellites.

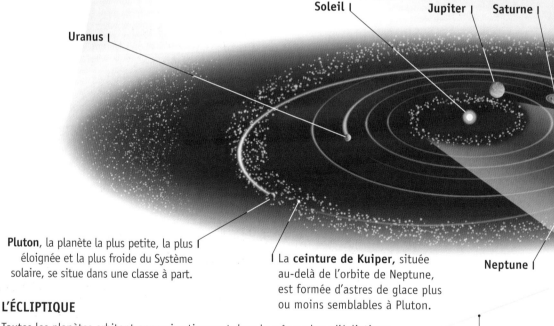

Pluton, la planète la plus petite, la plus éloignée et la plus froide du Système solaire, se situe dans une classe à part.

La **ceinture de Kuiper**, située au-delà de l'orbite de Neptune, est formée d'astres de glace plus ou moins semblables à Pluton.

L'ÉCLIPTIQUE

Toutes les planètes orbitent approximativement dans le même plan : l'écliptique, que l'on définit comme le plan de l'orbite de la Terre par rapport au Soleil. Le schéma suivant montre l'inclinaison de chaque planète ; Pluton est celle qui a l'inclinaison la plus forte.

Pluton (17,2°)

équateur du Soleil

Terre (0°)   Jupiter (1,3°)   Mars (1,9°)   Vénus (3,4°)
Uranus (0,8°)   Neptune (1,8°)   Saturne (2,5°)   Mercure (7°)

LES OBJETS CÉLESTES

D'une manière générale, une étoile (comme le Soleil) est un astre émettant une grande quantité d'énergie (lumière et chaleur). Une planète ❶ est un corps céleste qui orbite autour d'une étoile et reflète une partie de cette énergie, alors qu'un satellite naturel ❷ (ou lune) gravite autour d'une planète.

Les neuf planètes orbitent autour du Soleil dans la même direction, soit dans le sens anti-horaire ❸. Elles tournent aussi sur elles-mêmes dans ce sens ❹, sauf Vénus et Uranus.

Les planètes circulent autour du Soleil sur une orbite elliptique, c'est-à-dire sur un cercle légèrement ovale. À l'exception de celles de Mercure et de Pluton, ces orbites sont pratiquement circulaires.

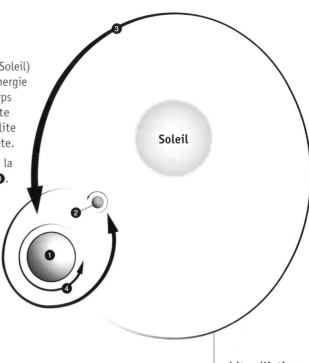

Soleil

orbite elliptique

Malgré l'abondance d'astres de tout genre, le Système solaire est pratiquement vide. Contrairement aux représentations usuelles, d'immenses espaces vides séparent en réalité chacune des planètes. La distance entre les planètes externes est plus grande encore.

Le **nuage de Oort**, situé à plus de 4 500 milliards de kilomètres, entoure tout le Système solaire. Il est composé de milliers de milliards de comètes.

LES OBJETS CÉLESTES

Plus petites mais très denses, les planètes dites telluriques ou rocheuses sont les plus proches du Soleil.

Mercure

Terre

Mars

Vénus

La **ceinture d'astéroïdes**, qui marque la frontière entre les planètes internes et les planètes externes, est la région du Système solaire où l'on trouve le plus grand nombre d'astéroïdes.

Tableau comparatif des planètes

Le tour du Système solaire

LES PLANÈTES INTERNES				
	Mercure	Vénus	Terre	Mars
Diamètre (km)	4 878	12 100	12 756	6 787
Distance moyenne du Soleil (1 UA = 149 600 000 km)	0,39 UA	0,72 UA	1 UA	1,52 UA
Période de rotation	58,6 jours	243 jours	23,9 h	24,6 h
Période de révolution	87,9 jours	224,7 jours	365,2 jours	686,9 jours
Inclinaison de l'orbite (par rapport à l'écliptique)	7°	3,4°	0°	1,9°
Masse (relative à la Terre)	0,056	0,82	1 (5,9 X 10^{24} kg)	0,11
Nombre de lunes connues	0	0	1	2
Composition de l'atmosphère	traces d'hydrogène et d'hélium	96 % CO_2, 3 % azote, 0,1 % eau	78 % azote, 21 % oxygène, 1 % argon	95 % CO_2, 1,6 % argon, 3 % d'azot

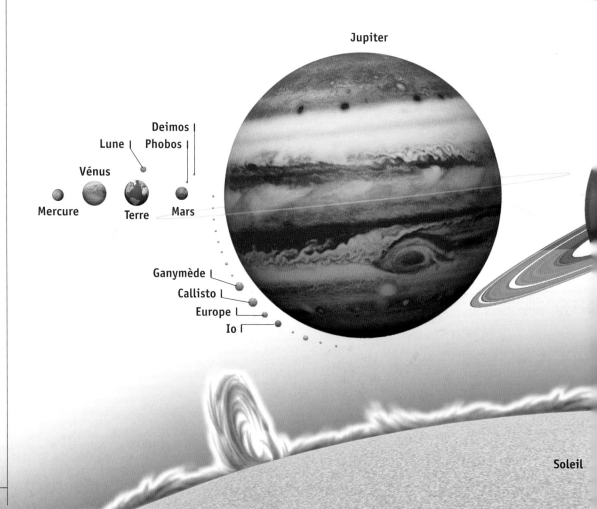

Jupiter

Deimos
Lune Phobos

Vénus

Mercure   Terre   Mars

Ganymède
Callisto
Europe
Io

Soleil

LES PLANÈTES EXTERNES				
piter	Saturne	Uranus	Neptune	Pluton
2 984	120 536	51 108	49 538	2 350
UA	9,54 UA	19,19 UA	30,06 UA	39,44 UA
h	10,6 h	17,2 h	16 h	6,3 jours
8 ans	29,4 ans	84 ans	164,8 ans	248,5 ans
°	2,5°	0,8°	1,8°	17,2°
3	95	15	17	0,002
	22	21	8	1
% hydrogène, 10 % um, traces de méthane	96 % hydrogène, 3 % hélium, 0,5 % méthane	84 % hydrogène, 14 % hélium, 2 % méthane	74 % hydrogène, 25 % hélium, 1 % méthane	méthane et azote

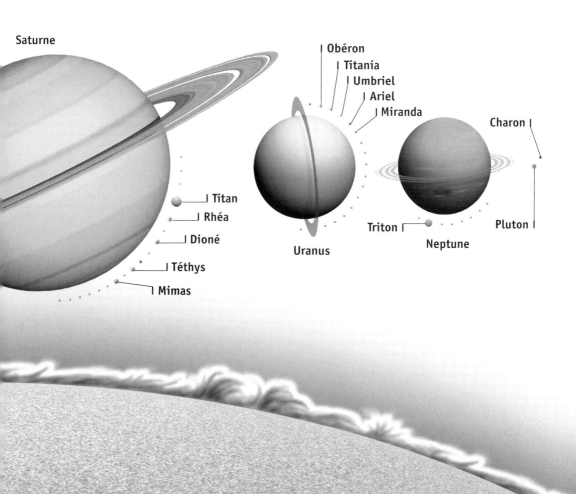

Saturne

Obéron
Titania
Umbriel
Ariel
Miranda

Charon

Titan
Rhéa
Dioné
Téthys
Mimas

Triton

Pluton

Uranus

Neptune

Le Soleil ☉

Une étoile bien ordinaire

Situé à 150 millions de kilomètres de la Terre, le Soleil est une étoile jaune de taille moyenne, comme la centaine de milliards d'étoiles de notre Galaxie. Ce n'est pas un corps solide, mais une sphère de gaz incandescents composée essentiellement d'hydrogène et d'hélium.

La production d'énergie solaire se fait au centre de l'étoile, en son noyau ❶, où la température atteint 15 000 000 °C et où l'hydrogène est converti en hélium par fusion nucléaire. Cette énergie se déplace du noyau vers la surface à travers des couches successives. Dans la zone radiative ❷, l'énergie produite migre sous forme de photons (grains de lumière), et se refroidit. Les photons interagissent constamment avec la matière dans une trajectoire irrégulière ❸, et mettent ainsi un million d'années à émerger de la zone radiative. Ils franchissent ensuite la zone de convection ❹ où des tourbillons de gaz chauds ❺ circulent entre les régions chaudes en profondeur, et les régions «froides» de la surface. Remontant jusqu'à la photosphère ❻, en surface, les photons sont émis sous forme de lumière et de chaleur, à une température de 6 000 °C. Cette lumière met huit minutes à nous parvenir.

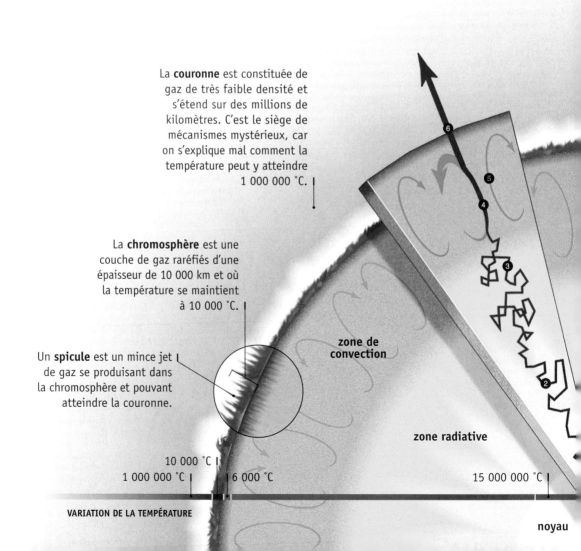

La **couronne** est constituée de gaz de très faible densité et s'étend sur des millions de kilomètres. C'est le siège de mécanismes mystérieux, car on s'explique mal comment la température peut y atteindre 1 000 000 °C.

La **chromosphère** est une couche de gaz raréfiés d'une épaisseur de 10 000 km et où la température se maintient à 10 000 °C.

Un **spicule** est un mince jet de gaz se produisant dans la chromosphère et pouvant atteindre la couronne.

zone de convection

zone radiative

10 000 °C
1 000 000 °C   6 000 °C   15 000 000 °C

VARIATION DE LA TEMPÉRATURE

noyau

Le traitement à l'ordinateur d'un cliché du Soleil révèle l'intensité du vent solaire.

LE VENT SOLAIRE

Du Soleil s'échappe un flux permanent de protons et d'électrons qui se déplace à environ 500 km/s et qui met quatre jours à atteindre la Terre. Il varie selon l'intensité de l'activité solaire et est responsable de l'orientation de la queue des comètes et des aurores polaires.

La couronne n'est visible que lors d'une éclipse solaire totale, alors qu'elle apparaît comme un halo brillant autour de la Lune.

L'ACTIVITÉ SOLAIRE

Sur Terre, des perturbations des réseaux de transport d'électricité ou des pannes de satellites de communications sont provoquées par des orages dits géomagnétiques, liés à la fluctuation de l'activité magnétique solaire. Notre étoile passe ainsi tous les 11 ans par une période maximale de taches solaires et d'éruptions avant de redevenir plus calme.

activité minimale

activité maximale

Les **taches solaires** sont des régions de la photosphère légèrement plus froides (4 000 °C) qui ont un aspect sombre et où le champ magnétique est plus intense. Certaines peuvent couvrir une superficie équivalant à cinq fois celle de la Terre.

Les **éruptions solaires** sont des projections de langues de gaz de dizaines de milliers de kilomètres, qui sont parfois brusquement rejetées dans l'espace.

La **Terre**, ici représentée à l'échelle, a un diamètre 109 fois inférieur à celui du Soleil, qui est de 1 400 000 km. Celui-ci constitue, à lui seul, 99,8 % de la masse du Système solaire.

La **photosphère** est la surface visible du Soleil, dont la température est de 6 000 °C.

L'évolution du Soleil

La naissance et le destin de notre étoile

Le Soleil est né il y a 4,6 milliards d'années, soit environ 10 milliards d'années après le Big Bang. Lieu d'une intense réaction nucléaire, il mettra encore environ 5 milliards d'années à épuiser son combustible et brillera tout ce temps. Dans moins d'un milliard d'années, la luminosité de notre étoile ayant augmenté, notre planète sera même trop chaude pour que la vie puisse y prospérer. Histoire à suivre...

❶ Dans un des bras spiraux de la Voie lactée, un **nuage de poussière** a commencé à graviter sous l'effet d'une onde de choc provenant probablement de l'explosion d'étoiles massives.

❷ Au centre de ce nuage contracté, la matière en rotation est devenue de plus en plus dense, chaude, puis lumineuse, et a engendré un embryon d'étoile, ou une **protoétoile**.

❸ La matière qui s'est condensée a provoqué une fantastique augmentation de la température et déclenché la réaction nucléaire qui alimente maintenant le Soleil. Les poussières environnantes se sont agglomérées pour former les **protoplanètes**.

❹ Les éléments légers ont été repoussés et ont donné naissance aux **planètes** géantes gazeuses externes. Les éléments plus lourds se sont sédimentés et ont formé les planètes internes rocheuses, dites telluriques, dont la Terre.

❺ Quatre planètes rocheuses (Mercure, Vénus, la Terre et Mars), quatre géantes gazeuses (Jupiter, Saturne, Uranus et Neptune), et une multitude de corps célestes singuliers (astéroïdes, comètes, et la planète Pluton...) se sont ainsi formés et ont constitué le **Système solaire** actuel.

❻ Depuis cette époque, notre étoile connaît une phase de stabilité qui a permis l'apparition de la vie sur Terre. On prévoit toutefois que, dans 500 millions d'années seulement, le Soleil verra une **croissance** de sa luminosité et de son diamètre, ce qui augmentera la température sur Terre au point d'entraîner l'évaporation des océans.

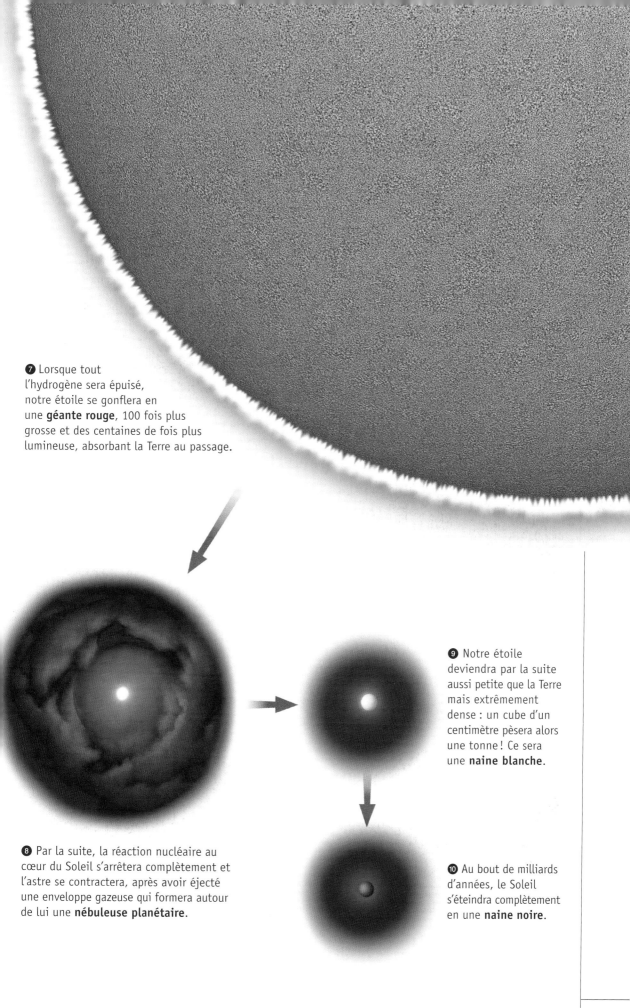

❼ Lorsque tout l'hydrogène sera épuisé, notre étoile se gonflera en une **géante rouge**, 100 fois plus grosse et des centaines de fois plus lumineuse, absorbant la Terre au passage.

❽ Par la suite, la réaction nucléaire au cœur du Soleil s'arrêtera complètement et l'astre se contractera, après avoir éjecté une enveloppe gazeuse qui formera autour de lui une **nébuleuse planétaire**.

❾ Notre étoile deviendra par la suite aussi petite que la Terre mais extrêmement dense : un cube d'un centimètre pèsera alors une tonne ! Ce sera une **naine blanche**.

❿ Au bout de milliards d'années, le Soleil s'éteindra complètement en une **naine noire**.

Les éclipses solaires

Une disparition spectaculaire

Une éclipse solaire se produit lorsque, vue de la Terre, la Lune passe devant le Soleil et que les trois astres sont parfaitement alignés. Les éclipses solaires sont le résultat d'une coïncidence remarquable qui survient plusieurs fois par siècle ; nulle part ailleurs dans le Système solaire peut-on assister à une occultation du Soleil aussi parfaite, aucune autre planète ne possédant une lune capable de masquer aussi bien notre étoile.

Une éclipse solaire a toujours lieu le jour et n'est visible que durant quelques minutes depuis une région limitée du globe qui prend la forme d'un corridor de quelques centaines de kilomètres de diamètre.

ÉCLIPSE SOLAIRE TOTALE

Une éclipse solaire totale dure au maximum sept minutes et laisse paraître la couronne solaire. La zone d'ombre qu'elle projette s'étend au plus sur 270 km.

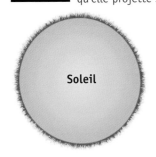

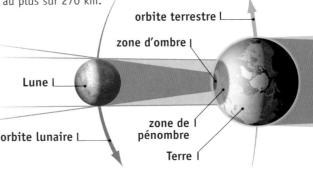

orbite terrestre

zone d'ombre

Lune

Soleil

orbite lunaire

zone de pénombre

Terre

ÉCLIPSE ANNULAIRE

Une éclipse annulaire se produit lorsque le disque apparent de la Lune, plus petit que celui du Soleil, laisse entrevoir un anneau du disque solaire. À ce moment, la Lune est plus éloignée de la Terre.

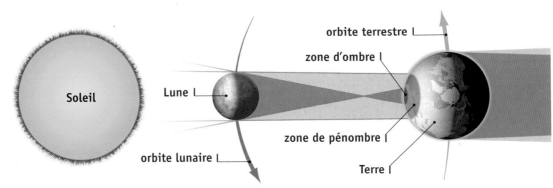

orbite terrestre

zone d'ombre

Soleil

Lune

zone de pénombre

orbite lunaire

Terre

ÉCLIPSE PARTIELLE

En tout temps lors d'une éclipse solaire totale ou annulaire, l'observateur situé dans une zone de pénombre voit une éclipse partielle.

ATTENTION! DANGER!

Sous aucun prétexte on ne doit regarder le Soleil à l'œil nu. Il semble plus facile d'observer le Soleil lors d'une éclipse solaire, mais l'effet dévastateur des rayons ultraviolets pour les yeux reste le même. Une façon d'observer sans danger une éclipse consiste, avec le Soleil derrière soi, à laisser passer les rayons solaires à travers une feuille perforée et à regarder l'éclipse sur une autre feuille.

Planètes et satellites

Même si le Soleil contient 99,8 % de la matière du Système solaire et éclipse à tous points de vue les neuf planètes qu'il attire, celles-ci restent singulières sur bon nombre d'aspects. De quoi sont faites nos voisines immédiates, situées à des millions de kilomètres de nous ? Qu'est-ce qui distingue la Terre de chacune d'elles ? Révélations étonnantes sur ces planètes et leurs satellites que l'on croit parfois connaître...

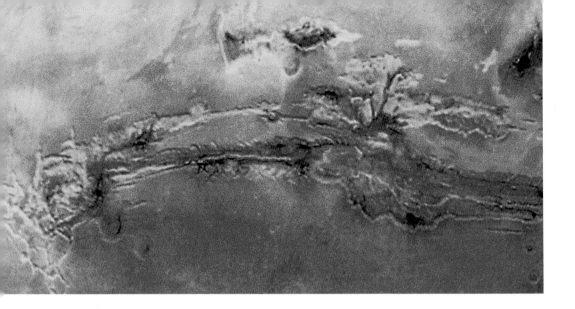

Planètes et satellites

19 **Mercure**
L'étrange lune du Soleil

20 **Vénus**
La planète sœur devenue enfer

21 **La Terre**
L'exceptionnelle planète rocheuse

22 **Comment est née la Terre**
La formation et l'évolution de notre planète

24 **La magnétosphère**
Un bouclier contre le vent solaire

26 **L'atmosphère terrestre**
Une précieuse et mince couche d'air

28 **Les coordonnées géographiques**
Faire le point sur Terre

29 **Les coordonnées astronomiques**
Repérer les astres dans le ciel

30 **Le phénomène des saisons**
Pourquoi le temps est cyclique

32 **La Lune**
Notre satellite naturel

34 **Les phases lunaires**
Pourquoi la Lune change de forme

35 **Les éclipses lunaires**
Quand la Lune devient rougeâtre

36 **Mars**
La fascinante planète rouge

37 **Les astéroïdes**
Ces petites planètes méconnues

38 **Les météorites**
Ces pierres tombées du ciel

40 **Les comètes**
Astres de terreur ou de bienfaits?

42 **Jupiter**
La planète de la démesure

43 **Saturne**
La splendide planète à anneaux

44 **Uranus**
La planète couchée

45 **Neptune**
Aux confins du Système solaire

46 **Pluton**
Est-ce vraiment une planète?

Mercure ☿

L'étrange lune du Soleil

Mercure est la planète la plus rapprochée du Soleil et celle qui ressemble le plus à notre Lune, quoique de diamètre supérieur (4 900 km contre 3 500 km). Comme notre satellite, Mercure est dénuée d'atmosphère et sa surface, âgée de plusieurs milliards d'années, est criblée de cratères. De la glace pourrait se cacher au fond des cratères polaires, là où les ardents rayons du Soleil n'atteignent jamais le sol. Les écarts de température (de -185 à 425 °C) sont les plus extrêmes que l'on connaisse dans tout le Système solaire.

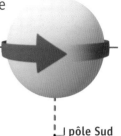

pôle Nord

inclinaison de l'axe de 0°

pôle Sud

plan de l'orbite

Mercure circule près du Soleil selon une orbite très excentrique. Elle s'en approche jusqu'à 46 millions de kilomètres et s'en éloigne jusqu'à 70 millions de kilomètres.

La planète réalise une rotation et demie sur elle-même lors de la première révolution autour du Soleil.

Après deux révolutions, Mercure aura donc accompli trois rotations. C'est le seul astre ainsi synchronisé dans le Système solaire.

L'ORBITE DE MERCURE

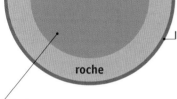

croûte

roche

Un important **noyau** de fer constitue près de 75 % du diamètre de la planète. La matière rocheuse qui le recouvre est pratiquement aussi dense que la roche terrestre.

UN RELIEF ACCIDENTÉ

cratère

Mercure est traversée par des **escarpements** de quelques milliers de mètres de hauteur qui s'étendent sur des centaines de kilomètres. Ces falaises traversent des cratères et se seraient formées lors du refroidissement du cœur de la planète, ce qui aurait comprimé, rompu et plissé la croûte.

Vénus ♀

La planète sœur devenue enfer

Vénus a longtemps été considérée comme la planète partageant le plus de traits communs avec la Terre. Elle a pratiquement la même taille, elle orbite sensiblement à la même distance du Soleil, elle est pourvue d'une épaisse atmosphère et elle a la même densité et composition chimique. Il y a quelques décennies à peine, on imaginait y trouver une végétation luxuriante. Malheureusement les conditions sur Vénus se révélèrent inhospitalières.

pôle Sud
inclinaison de l'axe de 2°

plan de l'orbite

pôle Nord

Vénus pivote sur elle-même dans le sens horaire, *a contrario* de presque tous les astres du Système solaire.

L'**atmosphère** opaque de la planète voile en permanence le sol vénusien. La pression est 90 fois celle que nous connaissons sur Terre.

croûte

manteau rocheux

Le **noyau** se compose de fer et de nickel.

L'EFFET DE SERRE

L'atmosphère, composée à 96 % de dioxyde de carbone (CO_2), emprisonne une bonne partie de l'énergie solaire et produit un terrible effet de serre. En surface, la température atteint 465 °C.

rayons infrarouges libérés

lumière solaire

rayons infrarouges captifs

atmosphère

surface de Vénus

LA SURFACE VÉNUSIENNE

Outre les plaines vallonnées, de peu de relief, qui forment l'ensemble du paysage, il existe sur Vénus d'immenses volcans semblables à ceux de l'archipel d'Hawaii.

La planète est couverte de coulées de lave et présente des montagnes, comme le **mont Maat** de 8 km de haut.

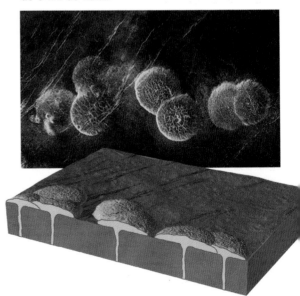

Vénus laisse paraître d'étonnantes structures géologiques en forme de **dômes** affaissés, résultant de l'expulsion puis de la rétraction de la lave.

La Terre ⊕

L'exceptionnelle planète rocheuse

La Terre est l'une des cinq planètes rocheuses du Système solaire. En moyenne, chaque mètre cube de la planète pèse 5,5 tonnes, ce qui en fait l'astre le plus dense du Système solaire. C'est aussi la seule planète qui possède de vastes océans d'eau liquide.

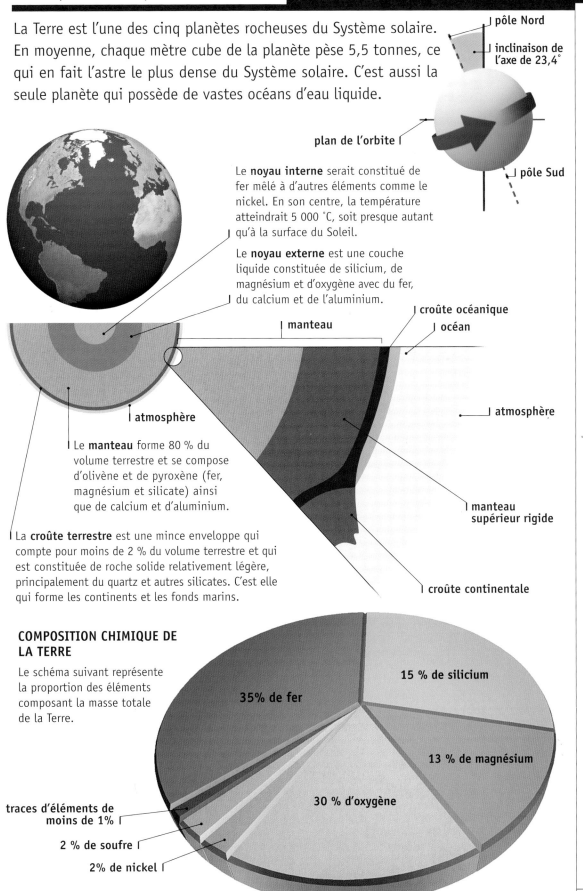

pôle Nord

inclinaison de l'axe de 23,4°

plan de l'orbite

pôle Sud

Le **noyau interne** serait constitué de fer mêlé à d'autres éléments comme le nickel. En son centre, la température atteindrait 5 000 °C, soit presque autant qu'à la surface du Soleil.

Le **noyau externe** est une couche liquide constituée de silicium, de magnésium et d'oxygène avec du fer, du calcium et de l'aluminium.

croûte océanique

manteau

océan

atmosphère

atmosphère

Le **manteau** forme 80 % du volume terrestre et se compose d'olivène et de pyroxène (fer, magnésium et silicate) ainsi que de calcium et d'aluminium.

manteau supérieur rigide

La **croûte terrestre** est une mince enveloppe qui compte pour moins de 2 % du volume terrestre et qui est constituée de roche solide relativement légère, principalement du quartz et autres silicates. C'est elle qui forme les continents et les fonds marins.

croûte continentale

COMPOSITION CHIMIQUE DE LA TERRE

Le schéma suivant représente la proportion des éléments composant la masse totale de la Terre.

15 % de silicium

35% de fer

13 % de magnésium

30 % d'oxygène

traces d'éléments de moins de 1%

2 % de soufre

2% de nickel

Comment est née la Terre

La formation et l'évolution de notre planète

Il y a plus de 5 milliards d'années, le Système solaire n'existait pas. Ce n'était qu'un immense nuage de poussière et de gaz diffus tournant lentement sur lui-même. Les neuf planètes, dont la Terre, se sont formées par agglomération de matière – un peu à la manière de boule de neige – au sein de cette nébuleuse originelle.

❶ Tout aurait commencé, il y a quelque 4,6 milliards d'années, au centre de la **nébuleuse** primitive.

❷ Le **Soleil** aurait été formé au centre de ce nuage alors que les gaz et la matière en périphérie commençaient à s'agglutiner.

❸ Des petits cailloux, dont la taille devient de plus en plus imposante, forment des embryons de planètes, ou **protoplanètes**, de quelques kilomètres de diamètre.

❹ Ces protoplanètes entrent en collision les unes avec les autres et s'agglomèrent jusqu'à atteindre la taille de **planètes** (de plusieurs milliers de kilomètres). Durant des centaines de millions d'années, les planètes naissantes subissent le bombardement intense des autres corps rocheux.

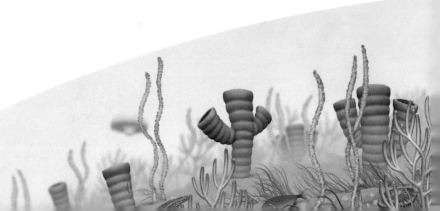

❺ Ainsi, il y a environ 4,5 milliards d'années, la jeune Terre est entièrement couverte d'un **océan de lave brûlante** – de la roche liquide – de plusieurs centaines de kilomètres d'épaisseur.

❻ Petit à petit, cet océan de lave se refroidit pour former une **croûte** qui est toutefois intensément bombardée par les météorites et les comètes.

❼ Notre jeune planète est aussi le théâtre d'une intense activité volcanique, qui libère une **atmosphère** primitive radicalement différente de la nôtre. L'eau apparaît – peut-être des profondeurs de la Terre ou apportée du ciel par les comètes – pour former les océans. Parallèlement, la croûte se disloque et donne naissance aux continents.

❽ La présence de continents, d'océans et d'une atmosphère pauvre en oxygène qui permet la formation de molécules de plus en plus complexes engendre un phénomène remarquable : **la vie**. Fait encore plus étonnant, cette vie apparaît très rapidement dans les océans, moins d'un milliard d'années après la naissance de la Terre. Elle mettra cependant plusieurs milliards d'années pour s'étendre sur les continents...

La magnétosphère

Un bouclier contre le vent solaire

Comme d'autres corps célestes, dont certaines planètes et le Soleil, la Terre serait une sorte d'aimant géant possédant un champ magnétique que l'on nomme la magnétosphère. Celle-ci agit comme un bouclier qui nous protège en faisant dévier la plupart des particules chargées provenant du Soleil et dangereuses pour toute forme de vie.

Le vent solaire ❶, qui est un flux permanent de particules dont l'intensité varie selon l'activité du Soleil, s'approche de la Terre à une vitesse de 300 à 800 km/s, et forme une onde de choc ❷ lorsqu'il rencontre le champ magnétique terrestre. La plupart des particules sont alors déviées dans une zone nommée la magnétogaine ❸. Certaines d'entre elles sont néanmoins piégées dans les ceintures interne et externe de Van Allen ❹, tandis que d'autres pénètrent parfois la haute atmosphère par les cornets polaires ❺ et créent les aurores polaires.

La **magnétosphère** s'étend sur plus de 60 000 km en direction du Soleil et s'étire en une longue queue de quelques millions de kilomètres dans la direction opposée.

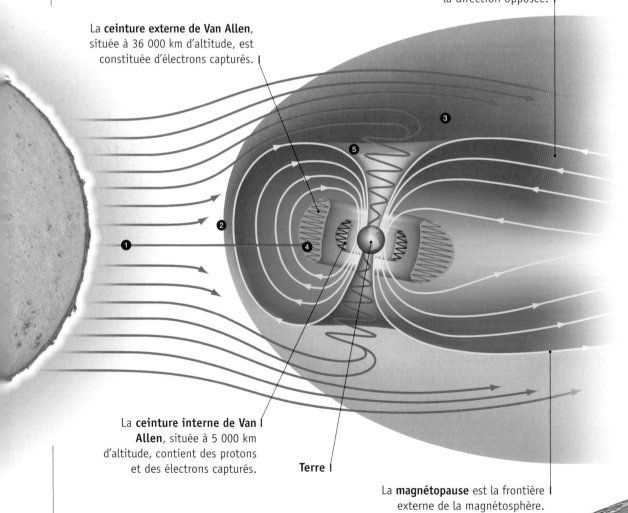

La **ceinture externe de Van Allen**, située à 36 000 km d'altitude, est constituée d'électrons capturés.

La **ceinture interne de Van Allen**, située à 5 000 km d'altitude, contient des protons et des électrons capturés.

Terre

La **magnétopause** est la frontière externe de la magnétosphère.

MERVEILLEUSES AURORES POLAIRES

Ce n'est que récemment que la physique a élucidé le mystère des aurores polaires. Le phénomène se produit lorsque certaines particules chargées du vent solaire pénètrent dans la haute atmosphère (ionosphère) par les cornets polaires. En entrant en collision avec les atomes et les molécules de la haute atmosphère, ces particules produisent alors des effets lumineux spectaculaires. Au Nord, les aurores sont dites boréales alors qu'au Sud, ce sont les aurores australes. Elles s'étendent sur des milliers de kilomètres mais leur épaisseur est inférieure à 1 km.

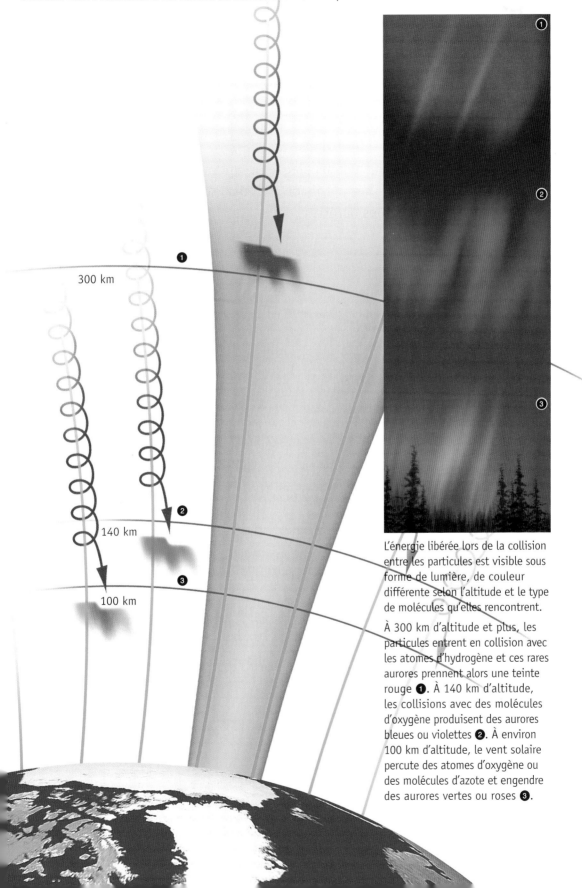

300 km

140 km

100 km

L'énergie libérée lors de la collision entre les particules est visible sous forme de lumière, de couleur différente selon l'altitude et le type de molécules qu'elles rencontrent.

À 300 km d'altitude et plus, les particules entrent en collision avec les atomes d'hydrogène et ces rares aurores prennent alors une teinte rouge ❶. À 140 km d'altitude, les collisions avec des molécules d'oxygène produisent des aurores bleues ou violettes ❷. À environ 100 km d'altitude, le vent solaire percute des atomes d'oxygène ou des molécules d'azote et engendre des aurores vertes ou roses ❸.

L'atmosphère terrestre

Une précieuse et mince couche d'air

La Terre est surnommée la «petite planète bleue» en bonne partie grâce à son atmosphère qui permet l'existence des océans. Sans atmosphère, notre planète ressemblerait à la Lune ou à Mars qui ne comportent pas d'eau liquide.

Cette mince couche d'air constituée d'une bonne partie d'oxygène libre nous protège des rayons ultraviolets nocifs du Soleil et rend possible la vie sur Terre.

La moitié de l'atmosphère se concentre au-dessous de 5 km d'altitude et 99 % à moins de 30 km, ce qui est infime en regard du diamètre de la planète (12 800 km). À l'échelle d'un globe terrestre de 30 cm, l'atmosphère ne représente que l'épaisseur d'un papier collant!

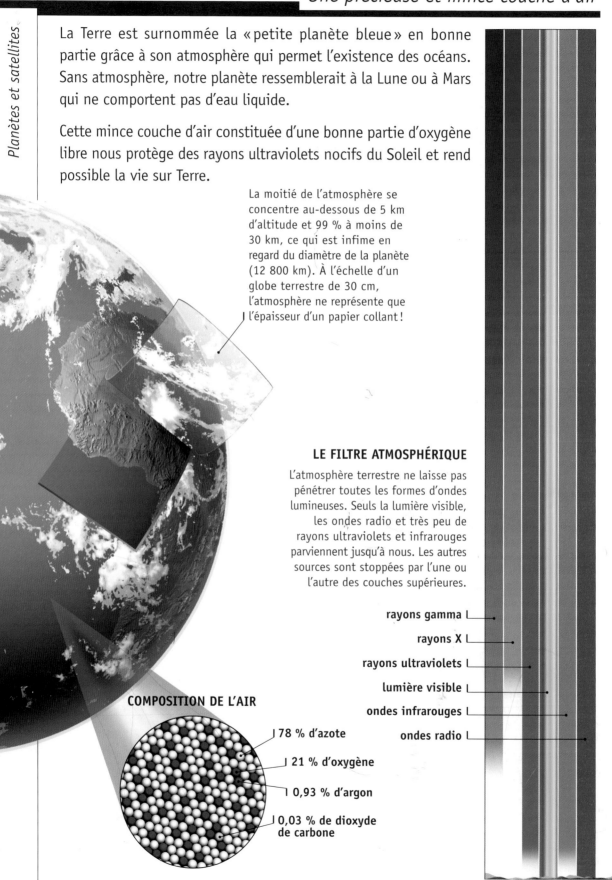

LE FILTRE ATMOSPHÉRIQUE

L'atmosphère terrestre ne laisse pas pénétrer toutes les formes d'ondes lumineuses. Seuls la lumière visible, les ondes radio et très peu de rayons ultraviolets et infrarouges parviennent jusqu'à nous. Les autres sources sont stoppées par l'une ou l'autre des couches supérieures.

rayons gamma

rayons X

rayons ultraviolets

lumière visible

ondes infrarouges

ondes radio

COMPOSITION DE L'AIR

78 % d'azote

21 % d'oxygène

0,93 % d'argon

0,03 % de dioxyde de carbone

LES COUCHES ATMOSPHÉRIQUES

L'atmosphère est constituée de plusieurs couches qui s'étendent de la troposphère dans laquelle nous vivons jusqu'à l'exosphère, la couche la plus externe. Chacune de ces couches présente des caractéristiques différentes.

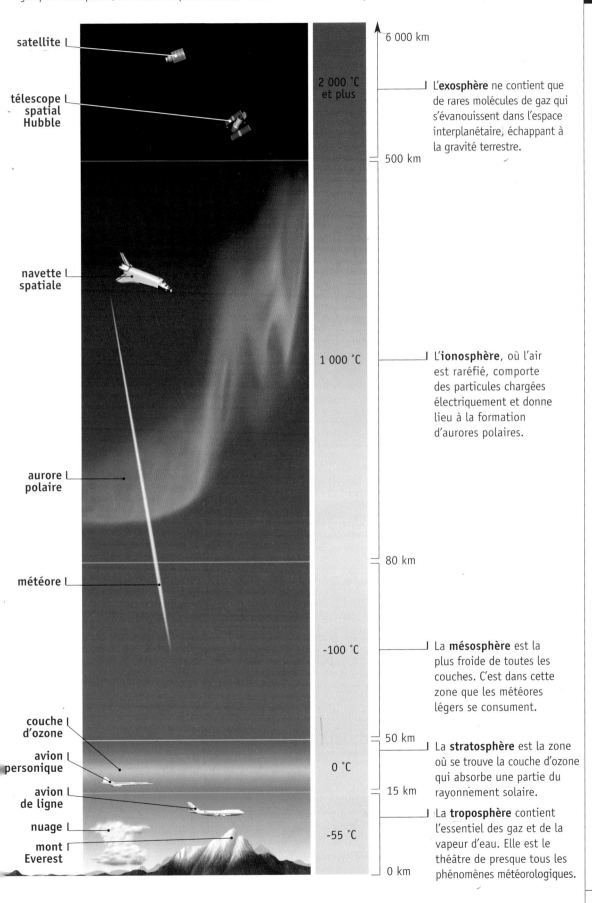

satellite

télescope
spatial
Hubble

navette
spatiale

aurore
polaire

météore

couche
d'ozone

avion
personique

avion
de ligne

nuage

mont
Everest

6 000 km

2 000 °C
et plus

500 km

1 000 °C

80 km

-100 °C

50 km

0 °C

15 km

-55 °C

0 km

L'**exosphère** ne contient que de rares molécules de gaz qui s'évanouissent dans l'espace interplanétaire, échappant à la gravité terrestre.

L'**ionosphère**, où l'air est raréfié, comporte des particules chargées électriquement et donne lieu à la formation d'aurores polaires.

La **mésosphère** est la plus froide de toutes les couches. C'est dans cette zone que les météores légers se consument.

La **stratosphère** est la zone où se trouve la couche d'ozone qui absorbe une partie du rayonnement solaire.

La **troposphère** contient l'essentiel des gaz et de la vapeur d'eau. Elle est le théâtre de presque tous les phénomènes météorologiques.

Les coordonnées géographiques

Faire le point sur Terre

Pour se situer sur Terre, on utilise un système simple, celui des coordonnées géographiques. On peut ainsi identifier précisément n'importe quel point à l'aide des coordonnées des lignes horizontales et verticales qui s'entrecroisent. La localisation d'un point géographique s'établit donc à l'aide de deux coordonnées : la longitude (méridien) et la latitude (parallèle) qui s'expriment en degrés.

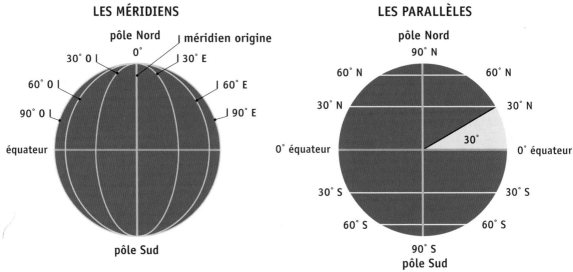

LES MÉRIDIENS

LES PARALLÈLES

Les méridiens sont des lignes imaginaires qui passent perpendiculairement à l'équateur et se rejoignent toutes aux pôles. Ce sont des demi-cercles qui divisent la planète à la manière de quartiers d'orange. À partir d'un méridien zéro, on divise le globe en deux hémisphères : l'hémisphère Est et l'hémisphère Ouest, et chacun est subdivisé en 180°.

Des lignes horizontales imaginaires, parallèles à l'équateur, entourent la Terre. Leur longueur diminue à mesure que l'on s'approche des pôles. L'équateur divise le globe en deux hémisphères : le Nord et le Sud. Il y a donc un 30e parallèle Nord et un 30e parallèle Sud. L'angle de l'équateur est de 0° alors que l'angle maximal atteint 90° aux pôles.

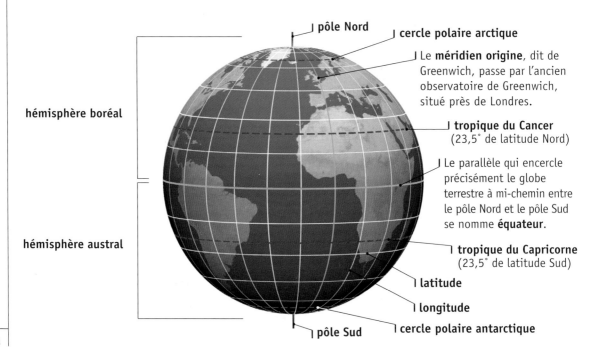

pôle Nord

cercle polaire arctique

Le **méridien origine**, dit de Greenwich, passe par l'ancien observatoire de Greenwich, situé près de Londres.

hémisphère boréal

tropique du Cancer
(23,5° de latitude Nord)

Le parallèle qui encercle précisément le globe terrestre à mi-chemin entre le pôle Nord et le pôle Sud se nomme **équateur**.

hémisphère austral

tropique du Capricorne
(23,5° de latitude Sud)

latitude

longitude

cercle polaire antarctique

pôle Sud

Les coordonnées astronomiques

Repérer les astres dans le ciel

Pour situer aisément les étoiles, on utilise un système de lignes horizontales et verticales, à l'image des coordonnées géographiques. Les mêmes principes s'appliquent ; il y a l'équateur et les pôles célestes ainsi que les hémisphères boréal et austral. Pour éviter toute confusion entre latitudes et longitudes, on parle respectivement de déclinaison (les parallèles) et d'ascension droite (les méridiens).

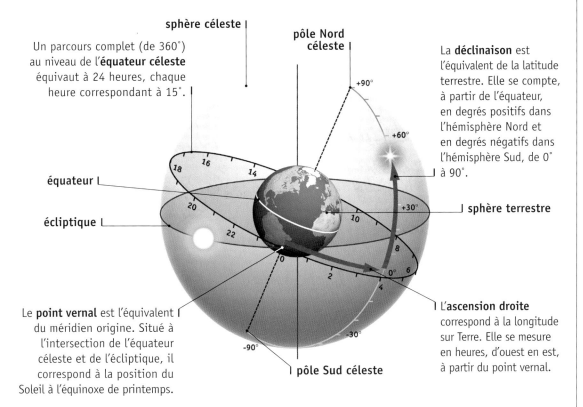

sphère céleste

pôle Nord céleste

Un parcours complet (de 360°) au niveau de l'**équateur céleste** équivaut à 24 heures, chaque heure correspondant à 15°.

équateur

écliptique

La **déclinaison** est l'équivalent de la latitude terrestre. Elle se compte, à partir de l'équateur, en degrés positifs dans l'hémisphère Nord et en degrés négatifs dans l'hémisphère Sud, de 0° à 90°.

sphère terrestre

Le **point vernal** est l'équivalent du méridien origine. Situé à l'intersection de l'équateur céleste et de l'écliptique, il correspond à la position du Soleil à l'équinoxe de printemps.

pôle Sud céleste

L'**ascension droite** correspond à la longitude sur Terre. Elle se mesure en heures, d'ouest en est, à partir du point vernal.

ET POURTANT ELLE TOURNE

Lorsqu'on regarde le ciel, on a l'impression que les étoiles se déplacent, d'est en ouest. En réalité, c'est la Terre qui tourne sur elle-même, d'ouest en est. De plus, l'endroit où un observateur se situe détermine quelles étoiles il voit et de quelle façon ces astres semblent se déplacer.

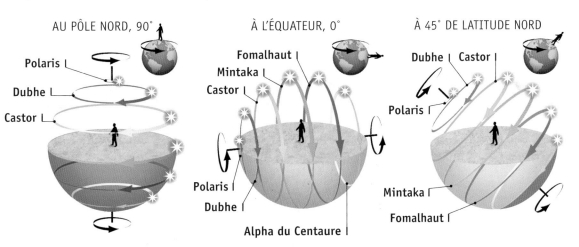

AU PÔLE NORD, 90°

Polaris

Dubhe

Castor

À L'ÉQUATEUR, 0°

Fomalhaut

Mintaka

Castor

Polaris

Dubhe

Alpha du Centaure

À 45° DE LATITUDE NORD

Dubhe Castor

Polaris

Mintaka

Fomalhaut

Le phénomène des saisons
Pourquoi le temps est cyclique

Contrairement à la croyance populaire, le phénomène des saisons – c'est-à-dire le changement périodique du climat au fil des mois – n'est pas dû au rapprochement ou à l'éloignement de la Terre par rapport au Soleil. Les variations climatiques saisonnières sont dues à la légère inclinaison de la Terre, qui pivote sur elle-même comme une toupie penchée de 23,5 degrés. C'est cette inclinaison qui explique qu'un hémisphère reçoit plus de soleil que l'autre à un moment de l'année.

Si l'axe des pôles n'avait pas été incliné, il n'y aurait pas de variations saisonnières de la température. Notre climat ressemblerait plus ou moins à ce que nous connaissons en octobre ou en mars. C'est le cas notamment de Mercure et Vénus.

SOLSTICE D'ÉTÉ

En été, le Soleil est haut dans le ciel : il fait chaud. Au **solstice d'été**, vers le 21 juin, correspond le jour le plus long de l'année dans l'hémisphère Nord.

été

Étonnamment, dans l'hémisphère Nord, la saison chaude se produit alors que la Terre est à sa distance maximale du Soleil, à son **aphélie** (à 152,1 millions de kilomètres).

L'INCIDENCE DES RAYONS DU SOLEIL

La différence des températures entre les diverses régions du globe résulte de l'inclinaison de la Terre par rapport au Soleil et s'explique par l'angle d'incidence des rayons solaires.

Au pôle Nord, les rayons solaires sont presque parallèles à la surface ; l'énergie est dissipée ; il fait froid.

Dans l'hémisphère Nord, les rayons solaires frappent le sol à l'oblique. L'énergie est étalée sur une surface trois fois plus grande qu'à l'équateur et est de ce fait moins concentrée. Le climat est tempéré.

À l'équateur, les rayons solaires sont concentrés et frappent la surface du sol à 90 degrés ; il fait chaud.

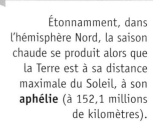

ÉQUINOXE DE PRINTEMPS

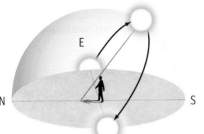

printemps

Vers le 21 mars, la durée du jour et celle de la nuit sont égales, d'où le nom d'**équinoxe de printemps**. Ce jour-là, le Soleil se lève exactement à l'Est et se couche exactement à l'Ouest.

SOLSTICE D'HIVER

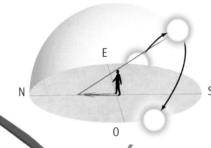

hiver

Soleil

La saison froide, dans l'hémisphère Nord, coïncide avec le moment où la Terre se trouve la plus proche du Soleil, à son **périhélie** (à 147,3 millions de kilomètres).

En hiver, le Soleil est bas dans le ciel : il fait froid. Au **solstice d'hiver**, vers le 21 décembre, correspond le jour le plus court de l'année dans l'hémisphère Nord.

ÉQUINOXE D'AUTOMNE

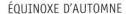

Vers le 21 septembre, la durée du jour et de la nuit sont égales, d'où le nom d'**équinoxe d'automne**. Ce jour-là, le Soleil se lève exactement à l'Est et se couche exactement à l'Ouest.

automne

La Lune ☽

La Lune a tout d'une planète puisque sa taille (un quart de celle de la Terre), sa surface et son histoire se comparent à celles des planètes proches du Soleil. On la considère plutôt comme un satellite naturel parce qu'elle gravite autour de la Terre. La Lune est dénuée d'atmosphère et d'eau, mais il y a de fortes chances que les pôles lunaires recèlent une certaine quantité de glace mélangée à du sable au fond des cratères polaires, là où la température se maintient en permanence sous les −200 °C. Dans ces conditions extrêmes, ce mélange forme un matériau aussi dur que le roc.

pôle Nord

inclinaison de l'axe de 2,6°

pôle Sud

plan de l'orbite

face visible

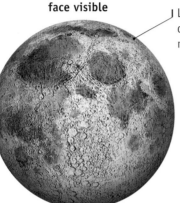

La **surface lunaire** est extrêmement tourmentée ; on y rencontre des cratères de plusieurs centaines de kilomètres de diamètre, des montagnes hautes de 9 km et des ravins de 6 km de profondeur.

Les **mers**, de vastes plaines de lave solidifiée, forment les régions sombres que l'on aperçoit à l'œil nu.

face cachée

Les **traînées lumineuses** provenant de matière éjectée rayonnent sur plusieurs centaines de kilomètres à partir de jeunes cratères.

chaîne de cratères

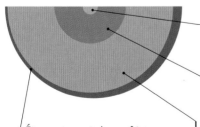

Le **noyau interne** ferreux présente une température de 1 200 °C.

Le **noyau externe** est visqueux.

Étonnamment, la **croûte lunaire** est plus mince sur la face visible (60 km) que sur la face cachée (100 km).

Le **manteau** solide mesure 1 000 km d'épaisseur.

L'empreinte de la chaussure d'un astronaute sur le sol lunaire met en évidence le régolite.

UNE COLLISION COSMIQUE

La Lune serait née à la suite d'une terrible collision entre la Terre et un immense astéroïde ❶. L'impact aurait projeté une énorme quantité de matière dans l'espace, provenant de la Terre et de l'astre détruit ❷. Sous l'attraction terrestre, les débris auraient gravité autour de la Terre ❸ et se seraient amalgamés ❹ pour former la Lune ❺.

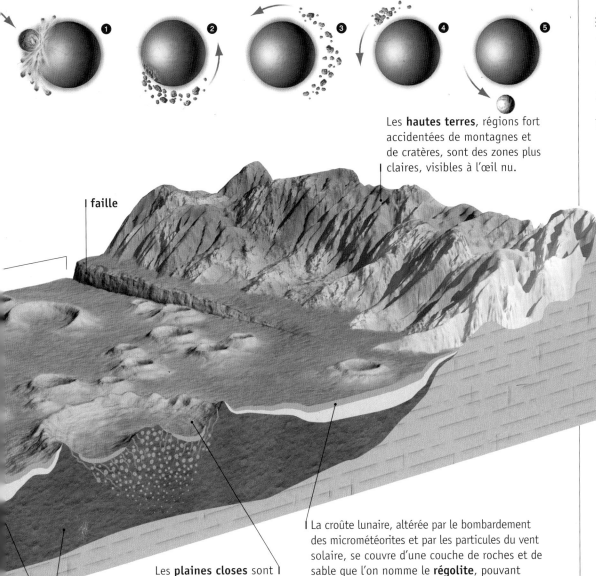

Les **hautes terres**, régions fort accidentées de montagnes et de cratères, sont des zones plus claires, visibles à l'œil nu.

faille

couches de lave

Les **plaines closes** sont de grands cratères qui peuvent atteindre 300 km de diamètre.

La croûte lunaire, altérée par le bombardement des micrométéorites et par les particules du vent solaire, se couvre d'une couche de roches et de sable que l'on nomme le **régolite**, pouvant atteindre plusieurs mètres d'épaisseur et surmonté d'une fine couche de poussières.

DES ROCHES DE PLUSIEURS MILLIARDS D'ANNÉES

Des centaines de kilos de roches lunaires ont été ramenés sur Terre afin d'être analysées. Ces échantillons, qui peuvent être datés, se révèlent une source de connaissance importante.

Les **anorthosites** sont une composante des hautes terres. Elles ont généralement plus de 4 milliards d'années.

Criblés de vacuoles faites par des gaz, les **basaltes** sont des roches volcaniques qui se trouvent en grand nombre dans les mers. Elles ont entre 3,2 et 3,8 milliards d'années.

Les **brèches** sont des fragments de roches qui se sont cimentées à la suite d'impacts météoritiques.

Les phases lunaires

Pourquoi la Lune change de forme

Chaque mois, la Lune change d'apparence en passant d'un mince croissant à une demi-lune puis à une pleine lune pour disparaître de la même façon. C'est le résultat du déplacement de la Lune, vue de la Terre, par rapport au Soleil. Comme la Lune brille en réfléchissant la lumière solaire, ces phases dépendent de la position qu'elle occupe par rapport à la Terre et au Soleil.

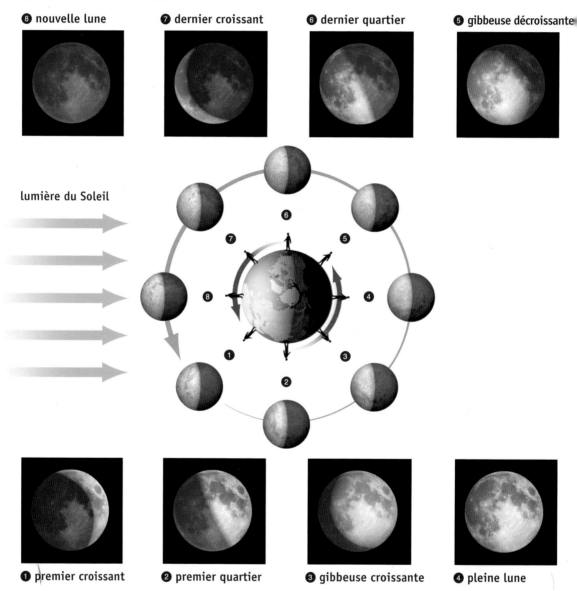

❽ nouvelle lune **❼ dernier croissant** **❻ dernier quartier** **❺ gibbeuse décroissante**

lumière du Soleil

❶ premier croissant **❷ premier quartier** **❸ gibbeuse croissante** **❹ pleine lune**

Au début du cycle lunaire, la Lune est comme un mince croissant. Elle se trouve alors à gauche du Soleil et est visible en début de soirée ❶. Puis, d'une nuit à l'autre, sa face visible est de mieux en mieux éclairée, le croissant lunaire s'épaissit. Après une semaine, celui-ci atteint la forme d'un demi-cercle ❷. La Lune continue toujours de s'éloigner par rapport au Soleil ❸. À la pleine lune, toute la face visible de l'astre est illuminée ; vu de la Terre, le Soleil paraît l'éclairer de face ❹.

Le processus inverse s'amorce ensuite. La Lune se rapproche du Soleil. L'ombre commence à obscurcir son disque ❺. Nuit après nuit, la portion éclairée se rétrécit, jusqu'à redevenir une demi-lune ❻. Peu après, elle se retrouve à la droite du Soleil et apparaît dans le ciel à l'aube, sous la forme d'un mince croissant ❼. Finalement, la Lune disparaît complètement. C'est la nouvelle lune. Elle est présente dans le ciel mais invisible, la lumière du Soleil étant éblouissante ❽.

Les éclipses lunaires

Quand la Lune devient rougeâtre

Contrairement à une éclipse de Soleil, on peut suivre sans danger à l'œil nu une éclipse lunaire. Bien que moins spectaculaire, ce phénomène est plus fréquent et dure plus longtemps. L'éclipse lunaire se produit lorsque la Terre passe entre la Lune et le Soleil. Les trois astres sont donc alignés. Le diamètre de la Terre étant quatre fois celui de la Lune, celle-ci disparaît alors totalement durant une heure dans l'ombre que projette la Terre.

L'atmosphère de la Terre dévie une fraction de la lumière du Soleil vers l'intérieur de la zone d'ombre et donne une coloration rouge à la Lune.

Une éclipse lunaire commence lorsque la Lune entre dans la zone de pénombre ; sa luminosité diminue alors de manière presque imperceptible. Elle entre ensuite dans la zone d'ombre où une partie de son disque est obscurcie ; c'est l'**éclipse lunaire partielle ❶**. Lorsqu'elle se trouve complètement dans la zone d'ombre, la Lune prend une teinte rougeâtre de plus en plus prononcée ; on assiste alors à une **éclipse lunaire totale ❷**.

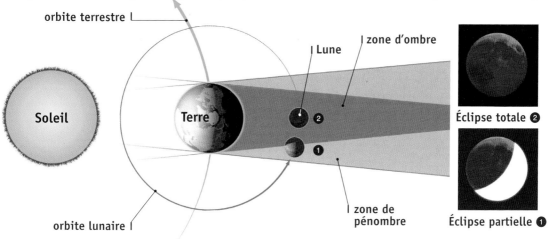

orbite terrestre

Lune

zone d'ombre

Soleil

Terre

❷

❶

orbite lunaire

zone de pénombre

Éclipse totale ❷

Éclipse partielle ❶

UNE SEULE FACE VISIBLE

Nous voyons toujours la même face de la Lune parce que notre satellite met exactement le même temps à tourner sur lui-même et autour de la Terre, soit 27 jours et 8 heures. Pour cette raison, une face est en tout temps invisible depuis la Terre.

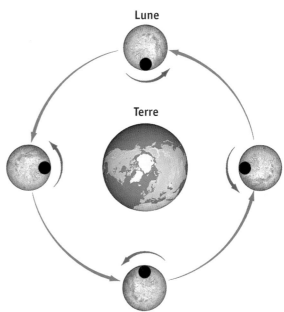

Lune

Terre

Mars ♂

La fascinante planète rouge

De toutes les planètes du Système solaire, Mars est celle qui a le plus captivé l'être humain. Deux fois plus petite que la Terre, elle réunit presque toutes les conditions pour héberger la vie : une atmosphère et un climat tempéré ainsi que de l'eau aux pôles (et probablement sous la surface). Dans l'état actuel de nos connaissances, Mars est la seule planète sur laquelle on pourra un jour s'installer.

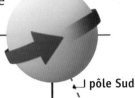

pôle Nord
axe d'inclinaison de 25,2°
pôle Sud
plan de l'orbite

L'**inclinaison** de Mars étant presque identique à celle de la Terre, la planète rouge connaît des saisons comparables aux nôtres, mais elles sont deux fois plus longues que sur Terre puisque Mars orbite autour du Soleil en 687 jours.

noyau ferreux

manteau rocheux

La **croûte** martienne contient de l'oxyde de fer, qui lui donne sa couleur rouge. L'atmosphère est rose pour la même raison. Somme toute, Mars est une planète rouillée.

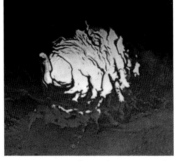

La **calotte polaire australe** est composée de sable, de dioxyde de carbone gelé et de glace d'eau. Les calottes polaires diminuent et augmentent suivant les saisons, comme sur Terre.

LES LUNES DE MARS

Mars possède deux minuscules lunes nommées **Phobos** («peur») et **Deimos** («terreur») qui s'apparentent davantage à de gros cailloux. Il s'agit probablement d'astéroïdes provenant de la ceinture située près de Mars et que la planète a capturés.

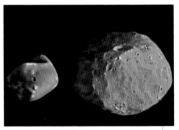

LES RELIEFS LES PLUS EXTRÊMES DU SYSTÈME SOLAIRE

La plus haute montagne connue, le **mont Olympus**, est un immense volcan de 27 km de hauteur (trois fois l'Everest) et de 600 km de diamètre.

Le plus vaste canyon, **vallée Marineris**, s'étend sur plus de 4 000 kilomètres (soit la largeur des États-Unis) et recèle des escarpements de 5 à 10 km de profondeur.

Les astéroïdes

Ces petites planètes méconnues

Les astéroïdes sont de petits astres constitués de roche et de métal, qui gravitent autour du Soleil comme les planètes. De taille réduite, généralement inférieure à cent kilomètres, ces astres n'ont pas la forme sphérique des planètes mais plutôt celle de rochers irréguliers, très foncés. Certains pourraient avoir été capturés par les planètes, notamment les lunes martiennes (Phobos et Deimos) et certaines petites lunes de Jupiter.

La plupart des astéroïdes circulent autour du Soleil en suivant une trajectoire circulaire. C'est le cas de **Cérès ❶**. Certains astéroïdes ont par contre une trajectoire très excentrique qui croise l'orbite terrestre, tels **Icare ❷** et **Apollo ❸**. Ces astéroïdes sont dits géocroiseurs. On estime qu'il en existe des centaines, peut-être des milliers, dont certains pourraient un jour entrer en collision avec notre planète.

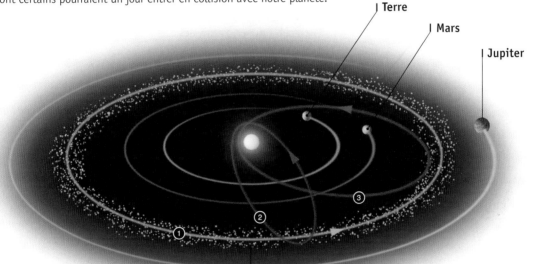

| Terre
| Mars
| Jupiter

Un grand nombre d'astéroïdes gravitent entre l'orbite de Mars et de Jupiter dans ce qu'on appelle justement la **ceinture d'astéroïdes**. Leur masse totale est inférieure à celle de la Lune.

Toutatis, nommé en l'honneur du dieu des Gaulois qui craignaient que le ciel leur tombe sur la tête, pourrait frôler la Terre en septembre 2004.

DES MILLIERS D'ASTÉROÏDES

Il existe certainement des centaines de milliers d'astéroïdes. Plus de 7 000 astéroïdes sont connus et, chaque année, on en découvre d'autres. Chacun reçoit un nom et se voit attribuer un matricule qui correspond à l'ordre chronologique de sa découverte (1 Cérès, 2 Pallas, 3 Juno, 4 Vesta, etc.).

Ida, découvert par la sonde *Galileo* en 1993, mesure 52 km de longueur et possède une minuscule lune, **Dactyl**.

Gaspra a été photographié par la sonde *Galileo* en 1991 ; il a une longueur de 20 km et présente des cratères en surface.

Le plus gros astéroïde, **Cérès**, découvert en 1801, mesure environ 1 000 km et sa masse représente à elle seule le quart de celle de tous les autres astéroïdes.

Les météorites

Ces pierres tombées du ciel

La Terre est sans cesse bombardée de particules rocheuses qui proviennent de la ceinture d'astéroïdes située entre Mars et Jupiter. Attirées par la gravitation, ces particules tombent dans notre atmosphère à une vitesse foudroyante. Notre planète reçoit ainsi quotidiennement des centaines de tonnes de matière cosmique !

On appelle **météoroïdes** ces fragments de roches et de particules de poussière. Bien que la plupart se consument avant d'atteindre le sol, certains fragments entrent en collision avec la surface terrestre.

Lorsque des météoroïdes pénètrent l'atmosphère, ils forment une brève traînée lumineuse constituée du fragment principal et d'une queue de débris incandescents. On les nomme communément **étoiles filantes** (bien que ce ne soient pas des étoiles) ou, scientifiquement, **météores**. La taille de ces grains de poussière se compare à une tête d'épingle.

FILER JUSQU'À LA TERRE

Le météore qui ne se consume pas en traversant l'atmosphère devient une **météorite** dont on retrouvera des traces de quelques grammes à quelques tonnes sur Terre.

En touchant le sol, la météorite se désintègre partiellement et crée une **onde de choc** qui se propage dans la croûte terrestre. À l'impact, une **explosion** se produit ; les débris sont dispersés sur plusieurs kilomètres.

La météorite arrivant à grande vitesse forme alors un **cratère** aux bords relevés. Elle crée un cratère d'impact qui peut atteindre 10 à 20 fois sa dimension.

LES MARQUES DE CHOCS TERRIBLES

Dans le passé, il semble que la chute de météorites de grande taille ait provoqué l'extinction d'au moins 90 % de la vie terrestre. Aujourd'hui encore, une collision d'importance reste faiblement probable. On trouve trace d'une centaine de cratères d'impact majeurs à travers le monde, mais nul doute que notre planète a été victime de bien davantage de météorites. On estime que les deux tiers des météorites qui atteignent la surface de notre planète sont perdues à jamais puisque les deux tiers du globe sont couverts d'eau.

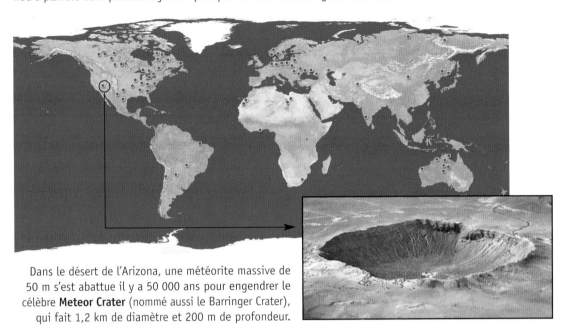

Dans le désert de l'Arizona, une météorite massive de 50 m s'est abattue il y a 50 000 ans pour engendrer le célèbre **Meteor Crater** (nommé aussi le Barringer Crater), qui fait 1,2 km de diamètre et 200 m de profondeur.

CLASSIFICATION DES MÉTÉORITES

On a récupéré, depuis deux siècles, plusieurs milliers de météorites, qui sont de véritables échantillons du Système solaire dont la valeur scientifique est remarquable. L'Antarctique est un endroit où de nombreuses météorites ont été préservées et repérées plus facilement puisque ces fragments contrastent bien sur la neige. On distingue généralement trois sortes de météorites.

Les météorites **métallo-rocheuses** sont composées de fer et de matière rocheuse.

Les météorites **ferreuses** sont constituées principalement de fer et de nickel.

La composition des météorites **pierreuses** ou **rocheuses** ressemble au manteau et à la croûte terrestre. Ces météorites se divisent en deux catégories :

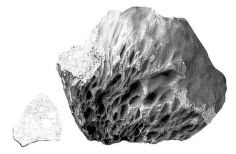

Les **chondrites** constituent la majorité des météorites connues. Ce sont probablement les plus anciennes du Système solaire.

Les **achondrites** se comparent au basalte terrestre et proviendraient de la Lune et de Mars.

Les comètes

Astres de terreur ou de bienfaits ?

Les comètes sont de minuscules astres qu'on ne devrait pratiquement jamais voir. Pourtant, ce sont les seuls planétoïdes connus depuis l'Antiquité. Cette notoriété est due à un spectaculaire effet d'illusion ; lorsqu'une comète s'approche du Soleil, elle se met à fondre et déploie une magnifique queue de plusieurs dizaines de millions de kilomètres. On sait maintenant que les comètes percutent les planètes, ce qui a sûrement été maintes fois le cas sur Terre dans le passé. Source notable de matière organique et d'eau, elles ont peut-être joué un rôle dans le développement des océans et de la vie sur notre planète. Une comète se différencie d'un astéroïde parce qu'elle est en bonne partie composée de glace et de sable ; on la compare couramment à une boule de neige sale.

Le **nuage d'hydrogène**, une énorme enveloppe d'hydrogène de plusieurs millions de kilomètres, entoure la comète.

La **queue de poussière**, faite de particules extrêmement fines, peut atteindre dix millions de kilomètres ou plus. C'est cette belle chevelure que l'on voit au firmament.

La matière qui entoure le noyau passe de l'état solide à l'état gazeux sous l'effet de la chaleur et forme le **coma**, constitué d'eau, de dioxyde de carbone et de divers gaz.

ORIGINE DES COMÈTES

Les comètes viendraient des confins du Système solaire, du nuage de Oort qui en recèlerait des milliers de milliards. De temps à autre, certaines se décrochent du nuage pour plonger en direction du Soleil.

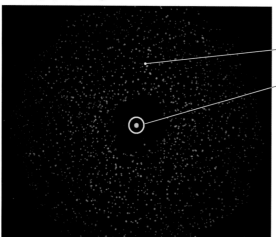

nuage de Oort

Système solaire

Le **noyau**, au centre, demeure relativement solide et stable puisqu'il est fait de gaz et de poussière rocheuse. Cette matière s'échappe en partie de la croûte du noyau lorsque la comète passe près du Soleil.

La **queue ionique**, qui peut atteindre cent millions de kilomètres, est formée de gaz ionisé qui interagit avec le vent solaire.

Certaines comètes s'insèrent sur des orbites très elliptiques. C'est le cas de la célèbre comète de Halley.

L'ORBITE DES COMÈTES

On connaît plus de 900 comètes qui réalisent une orbite plus ou moins bien déterminée autour du Soleil. Certaines gravitent entre les orbites de Vénus et de Mars et ne mettent que quelques années pour compléter une révolution, alors que d'autres qui ont des orbites fortement excentriques – donc des cercles très allongés – , nécessitent des décennies voire des siècles.

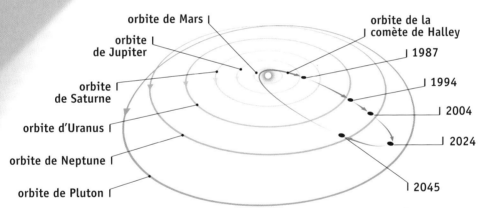

orbite de Mars
orbite de Jupiter
orbite de Saturne
orbite d'Uranus
orbite de Neptune
orbite de Pluton
orbite de la comète de Halley
1987
1994
2004
2024
2045

UNE COMÈTE PERCUTANTE

Assez rarement, une comète percute une planète ; cela s'est produit en juillet 1994 lorsque la comète **Shoemaker-Levy 9**, après s'être scindée en une vingtaine de fragments, a percuté Jupiter.

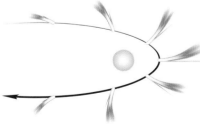

La collision en cascade a laissé dans l'atmosphère jovienne des **taches** sombres plus grandes que la taille de la Terre et qui ont perduré durant des mois.

La queue d'une comète se maintient toujours à l'opposé du Soleil puisque c'est le vent solaire qui souffle sur le nuage de gaz entourant la comète. Lorsque la comète s'approche du Soleil, la queue se trouve étirée vers l'arrière.

Jupiter ♃

La planète de la démesure

La plus grosse planète du Système solaire pourrait contenir 1 400 fois la Terre et sa masse représente 2,5 fois celle de toutes les autres planètes. Jupiter aurait pratiquement pu devenir une seconde étoile puisqu'elle a les mêmes composantes que le Soleil : 90 % d'hydrogène et 10 % d'hélium, avec des traces de méthane, d'eau, d'ammoniac et de poussières rocheuses. Il lui aurait toutefois fallu être plus massive pour que la réaction thermonucléaire s'y enclenche.

pôle Nord
axe d'inclinaiso de 3,1°

pôle Sud

plan de l'orbite

Jupiter est l'une des quatre géantes gazeuses qui ne possèdent pas de **surface** solide ; la matière devient de plus en plus compacte lorsqu'on descend dans l'atmosphère gazeuse vers le centre de la planète.

La planète possède trois ou quatre **anneaux** très ténus, presque invisibles, composés de fines particules foncées.

roche en fusion | hydrogène métallique

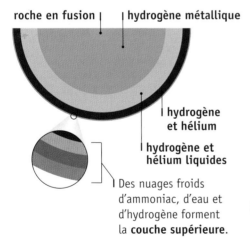

hydrogène et hélium

hydrogène et hélium liquides

Des nuages froids d'ammoniac, d'eau et d'hydrogène forment la **couche supérieure**.

LES SATELLITES NATURELS DE JUPITER

Un peu à l'image du Soleil, Jupiter est entourée d'un mini système solaire composé de 17 lunes connues. Les quatre principales – Io, Europe, Ganymède et Callisto – ont d'ailleurs la taille de planètes comme Mars, Mercure et Pluton.

Io est l'astre où il y a le plus de volcans en activité ; ceux-ci crachent du soufre qui donne à ce satellite une coloration jaune-or très particulière.

Europe présente une surface couverte de gigantesques « autoroutes » gelées. La sonde *Galileo* a révélé que, sous cette surface, il y aurait vraisemblablement des océans.

Le plus grand satellite naturel du Système solaire, **Ganymède**, présente une surface glacée qui recouvrirait un noyau rocheux.

Callisto est tourmenté par l'incessant bombardement des astéroïdes et des comètes attirés par la gravité de la planète géante.

LA GRANDE TACHE ROUGE

La portion supérieure de l'atmosphère est constituée de couches nuageuses qui sont le théâtre de violentes tempêtes. La spectaculaire Grande Tache rouge est un immense ouragan qui sévit depuis plus de trois siècles et dont le diamètre pourrait englober deux fois la Terre.

Saturne ♄

La splendide planète à anneaux

De couleur jaunâtre, Saturne est la deuxième plus grosse planète du Système solaire. Comme Jupiter, elle est constituée presque entièrement d'hydrogène et d'hélium. Les célèbres anneaux couvrent une bande d'environ 200 000 km de diamètre – ce qui correspond à près de la moitié de la distance Terre-Lune –, mais ils n'ont qu'une épaisseur maximale de quelques centaines de mètres.

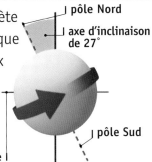

pôle Nord

axe d'inclinaison de 27°

pôle Sud

plan de l'orbite

LES SATELLITES NATURELS DE SATURNE

Saturne possède 22 lunes connues. Certaines font plusieurs milliers de kilomètres de diamètre alors que d'autres ne sont que de gros cailloux de 20 ou 30 km (probablement des astéroïdes capturés). La plupart d'entre elles seraient composées de glace mélangée à du méthane, de l'ammoniac et du dioxyde de carbone.

Mimas présente un cratère, Herschel, qui occupe un tiers de sa surface.

Titan fait une fois et demie le diamètre de notre Lune. Il possède une atmosphère riche en azote et en composés organiques, un peu comme celle de la Terre à l'origine.

Le **noyau**, de la taille de la Terre, est composé de fer et de roche.

manteau d'hydrogène métallique

En s'éloignant du noyau de la planète, les couches d'hydrogène et d'hélium se transforment graduellement en liquide et en gaz.

Dioné comporte des cratères et probablement des dépôts de glace.

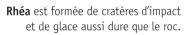

Rhéa est formée de cratères d'impact et de glace aussi dure que le roc.

Japet présente une surface très contrastée ; la partie claire est formée de glace, tandis que la partie sombre est faite de matière inconnue.

LE SYSTÈME DES ANNEAUX

De loin, les anneaux de Saturne ressemblent à un disque de matière solide. En réalité, ils sont formés d'une myriade de blocs de glace et de poussières qui gravitent autour de la planète de façon désordonnée. Les images prises par les sondes *Voyager* nous révèlent l'existence de milliers d'anneaux à la structure extraordinairement complexe. On les divise généralement en sept sections principales, de A à G. Les divisions de Cassini et de Encke sont des régions plus sombres situées à l'intérieur des anneaux.

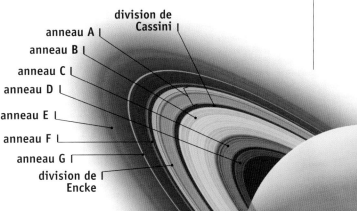

division de Cassini

anneau A
anneau B
anneau C
anneau D
anneau E
anneau F
anneau G
division de Encke

Uranus ♁

Uranus fut découverte par l'astronome William Herschel qui l'a observée pour la première fois au télescope en 1781. Troisième plus grosse planète du Système solaire après Jupiter et Saturne, Uranus est principalement composée de roche, de glace et d'hydrogène.

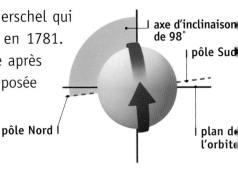

axe d'inclinaison de 98°

pôle Sud

pôle Nord

plan de l'orbite

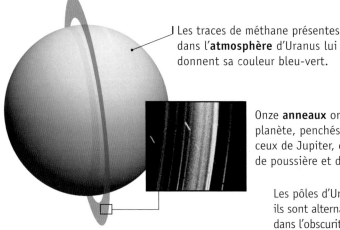

Les traces de méthane présentes dans l'**atmosphère** d'Uranus lui donnent sa couleur bleu-vert.

Curieusement, et contrairement aux autres planètes, la planète orbite à la manière d'une toupie couchée sur le côté.

Onze **anneaux** orbitent autour de l'équateur de la planète, penchés sur le côté. Aussi sombres que ceux de Jupiter, ces anneaux semblent constitués de poussière et de blocs de roche.

Les pôles d'Uranus pointent directement vers le Soleil ; ils sont alternativement éclairés pendant 42 ans puis plongés dans l'obscurité pendant une autre période de 42 ans, Uranus accomplissant sa révolution autour du Soleil en 84 ans.

glaces

hydrogène et hélium

noyau de roche

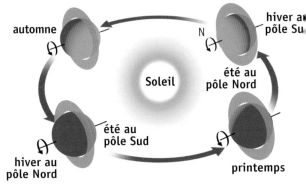

automne

N

hiver au pôle Sud

été au pôle Nord

Soleil

été au pôle Sud

hiver au pôle Nord

printemps

LES LUNES D'URANUS

Uranus possède au moins 21 satellites : 5 lunes externes, 11 petites lunes internes découvertes en 1986 par la sonde *Voyager 2* et 5 lunes très éloignées, découvertes depuis 1997.

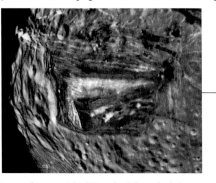

La sombre **Umbriel**.

Ariel, la lune la plus brillante d'Uranus.

La surface particulière de **Miranda** laisse penser que ce satellite, sous l'impact d'une météorite, s'est d'abord brisé puis reconstitué sous la force de la gravitation.

Obéron est le plus éloigné des satellites d'Uranus.

Le plus grand des satellites uraniens, **Titania**.

Neptune

Aux confins du Système solaire

Neptune est une planète bleutée qui ressemble beaucoup à Uranus ; elle est légèrement plus petite mais plus massive. Elle fut découverte par l'astronome Galle en 1846 grâce aux calculs des deux mathématiciens Adams et Le Verrier.

La dernière des géantes gazeuses possède quatre **anneaux** sombres et ténus, probablement constitués de poussières.

manteau de glaces

noyau de roche

L'**atmosphère** de Neptune est composée d'hydrogène, d'hélium et de méthane (qui donne à la planète sa coloration bleue).

L'**atmosphère** neptunienne montre plus d'activité que celle d'Uranus puisqu'on y distingue des bandes colorées semblables à celles de Jupiter et de Saturne ainsi que des petits nuages de méthane.

La sonde *Voyager* a photographié un immense ouragan, semblable à la Grande Tache rouge de Jupiter et de la grosseur de la Terre, nommé la **Grande Tache sombre**. On a mesuré des vents pouvant atteindre 2 000 km/h, ce sont les plus puissants du Système solaire.

LES SATELLITES NATURELS DE NEPTUNE

Neptune possède au moins 8 satellites naturels, dont Proteus (420 km de diamètre), Néréide (350 km) et Triton (2 700 km). Les 5 autres lunes, très foncées, mesurent moins de 200 km.

Triton, le plus gros satellite de Neptune, est l'objet le plus froid du Système solaire observé par une sonde.

La **calotte polaire** de Triton comporterait des geysers actifs qui crachent de la neige d'azote.

Pluton ♇

Est-ce vraiment une planète ?

Découverte en 1930 par Clyde W. Tombaugh, Pluton est la seule planète à ne pas avoir été visitée par une sonde spatiale. C'est un astre très étrange qui se démarque des huit autres planètes et dont la dimension se compare à celle de la Lune, à tel point que certains la considèrent plutôt comme un astéroïde ou une comète.

pôle Sud
inclinaison
l'axe de 58°

plan de l'orbite

pôle Nord

La planète possède peut-être une atmosphère ténue. Sa **surface** serait couverte de méthane, d'azote et de dioxyde de carbone.

Pluton possède l'**orbite** la plus inclinée et la plus excentrique. Elle s'approche parfois plus près du Soleil que Neptune, comme ce fut le cas entre 1979 et 1999.

roche

glaces

Pluton

UNE PLANÈTE DOUBLE ?

Pluton et son satellite Charon ont une taille et une masse semblables, ce qui fait que les deux astres gravitent l'un autour de l'autre et se présentent toujours la même face.

Pluton serait constituée à 80 % de matière rocheuse et à 20 % de glaces, un peu comme Triton (l'un des satellites de Neptune). Ces deux astres pourraient n'être que des astéroïdes appartenant à la ceinture de Kuiper.

Terre

La **distance** moyenne entre Pluton et Charon est de 19 600 km (une fois et demie le diamètre de la Terre).

Charon

Pluton est si petite et distante du Soleil qu'on a peu de certitudes à son sujet. De récents clichés du télescope spatial *Hubble* nous la révèlent de façon inédite, accompagnée de son satellite Charon.

Les étoiles

Le Soleil, autour duquel orbitent neuf fascinantes planètes, n'est qu'une des milliards d'étoiles que contient l'Univers. Ainsi que le révèle déjà en partie le firmament dès que nous levons les yeux au ciel, il existe en effet **des centaines de milliards d'autres soleils**, petits et gros, **qui naissent et meurent**, et dont la vie et le destin sont gouvernés par leur masse.

Les étoiles

49 **D'où viennent les étoiles ?**
   Échauffement au cœur des nébuleuses

50 **Les étoiles multiples**
   Les compagnes célestes

51 **La classification des étoiles**
   Le diagramme Hertzsprung-Russell

52 **Les étoiles de faible masse**
   Le destin des petites étoiles

54 **Les étoiles massives**
   Un destin éclatant

56 **Étranges trous noirs**
   L'ultime fin des étoiles massives

58 **Les amas stellaires**
   De vastes concentrations d'étoiles

60 **Les constellations imaginaires**
   La méthode simple pour se repérer dans le ciel

62 **Les constellations de l'hémisphère austral**
   Un firmament aussi riche que méconnu

64 **Les constellations de l'hémisphère boréal**
   Une petite balade au firmament

D'où viennent les étoiles?

Échauffement au cœur des nébuleuses

Chaque année, des étoiles voient le jour dans les nébuleuses. Elles sont le théâtre d'extraordinaires réactions nucléaires qui consomment des millions de tonnes de carburant à chaque seconde. Dans le cas du Soleil, la réserve d'hydrogène est telle – quelque 2 milliards de milliards de milliards de tonnes – que la réaction nucléaire engendrée il y a 5 milliards d'années se poursuivra encore aussi longtemps.

LA NAISSANCE DES ÉTOILES

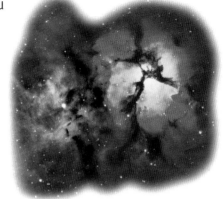

la nébuleuse Trifide

Les étoiles naissent au sein d'un immense nuage d'hydrogène et de poussière qu'on appelle nébuleuse.

UNE RÉACTION NUCLÉAIRE DE DIX MILLIARDS D'ANNÉES

La pression au cœur d'une étoile peut engendrer comme dans le cas du Soleil une température de 15 millions de degrés. Dans de telles conditions, les noyaux d'hydrogène (protons) ❶ s'agglutinent deux à deux, pour former un noyau d'hydrogène lourd (deutéron) ❷. Ce noyau incorpore un autre proton ❸ et forme un noyau d'hélium léger ❹. Enfin, deux noyaux d'hélium léger fusionnent pour créer la forme commune de l'hélium ❺, contenant 2 protons et 2 neutrons. À chaque étape, l'énergie est libérée sous forme de lumière (photons) ❻.

L'explosion d'une ou de plusieurs étoiles voisines bouscule la nébuleuse et permet à la gravité de faire effet.

Le nuage se contracte peu à peu sur lui-même, sous l'effet de la gravitation qui amène la matière à s'agglomérer naturellement.

Le nuage se met à tourner sur lui-même; la température augmente. L'embryon d'une étoile (protoétoile) apparaît. Bientôt la réaction nucléaire s'amorce.

La protoétoile devient alors étoile et brillera aussi longtemps que sa réserve d'hydrogène n'aura pas été convertie en hélium.

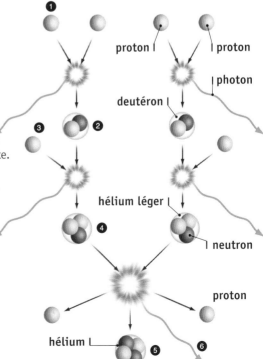

proton | | proton

| photon

deutéron |

hélium léger |

| neutron

proton

hélium |

Les étoiles multiples

On imagine spontanément que les étoiles sont solitaires, qu'elles se forment au sein d'un nuage de matière (nébuleuse) où elles occupent le centre alors qu'autour d'elles se développe un cortège de planètes. Or ce scénario, qui est celui du Système solaire, est plutôt l'exception.

On estime qu'au moins les deux tiers de toutes les étoiles de notre Galaxie forment des systèmes de deux étoiles ou plus en orbite l'une autour de l'autre, unies par leur attraction gravitationnelle. Contrairement au Soleil, donc, la plupart des étoiles évoluent en groupe de deux ou trois, et parfois même plus.

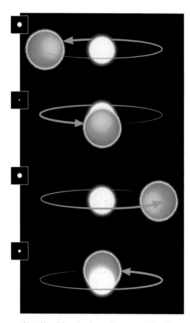

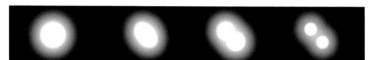

Certaines étoiles sont de «faux doubles» visibles à l'œil nu, comme Alcor et Mizar dans la Grande Ourse. D'autres ne peuvent être repérées sans l'aide de lunettes astronomiques et n'apparaissent finalement qu'après un grossissement adéquat.

L'étoile **Algol**, dans la constellation de Persée, semble clignoter. En fait, il s'agit d'une étoile double qui est périodiquement occultée par sa compagne plus sombre, ce qui explique que la luminosité de l'étoile principale semble décroître à intervalles réguliers.

Sirius, l'étoile la plus brillante du ciel, est en réalité une étoile double. Sa compagne est une naine blanche, nommée **Sirius B**.

UNE ÉTOILE VARIABLE

Les étoiles variables sont des étoiles dont la luminosité varie, de façon régulière ou non. Plusieurs d'entre elles sont des étoiles pulsantes qui oscillent à cause de leur instabilité interne. C'est le cas de **Mira** dont la grosseur et la luminosité varient sur une période de 11 mois. Au cours de ce cycle, elle semble apparaître puis disparaître; elle est plus brillante lorsqu'elle est petite. Mira possède notamment une petite compagne bleue.

luminosité minimale   **plus brillante**   **luminosité maximale**   **moins brillante**   **luminosité minimale**

La classification des étoiles

Le diagramme Hertzsprung-Russell

Au début du siècle, deux astronomes (Hertzsprung et Russell) ont créé un graphique qui établit une relation entre la luminosité des étoiles, leur masse et leur température. L'ensemble des étoiles forme sur le graphique une bande diagonale que l'on nomme la séquence principale. Elle correspond à la vie mature des étoiles – la période durant laquelle elles transforment leur réserve d'hydrogène en hélium – alors que celles qui figurent à l'extérieur de la courbe sont en train de naître ou de mourir ; 95 % des étoiles observées s'inscrivent sur la courbe de la séquence principale.

Au sommet de la courbe se trouvent les grosses étoiles bleues dont la température est supérieure à 25 000 degrés. Au centre, se situent les étoiles moyennes blanches ou jaunes dont la température avoisine les 6 000 degrés, alors que les petites étoiles rouges faiblement lumineuses se trouvent au bas de la courbe.

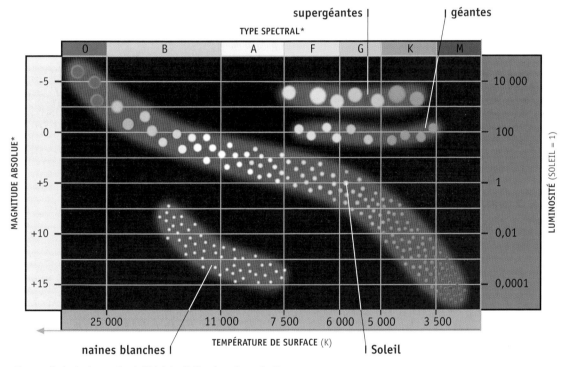

*La magnitude absolue représente l'éclat des étoiles : les valeurs négatives sont affectées aux étoiles les plus brillantes. Le type spectral désigne notamment la température des étoiles en rapport avec leur composition.

LA GROSSEUR DES ÉTOILES

La supergéante Bételgeuse est 1 000 fois plus grosse que notre Soleil, une étoile naine. En comparaison, les naines blanches sont 100 fois plus petites et les étoiles à neutrons sont plus de 100 000 fois plus petites que le Soleil.

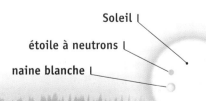

Bételgeuse

Les étoiles
de faible masse

Le destin des petites étoiles

Même si elles semblent immuables, les étoiles connaissent en fait plusieurs transformations. Le destin de ces astres – c'est-à-dire autant leur vie que leur mort – est gouverné par leur masse. Notre Soleil, de masse moyenne, mettra 10 milliards d'années à convertir son hydrogène en hélium, avant de terminer sa vie en naine blanche. Les étoiles moins massives mettront des dizaines, voire des centaines de milliards d'années à se consumer avant de connaître le même sort.

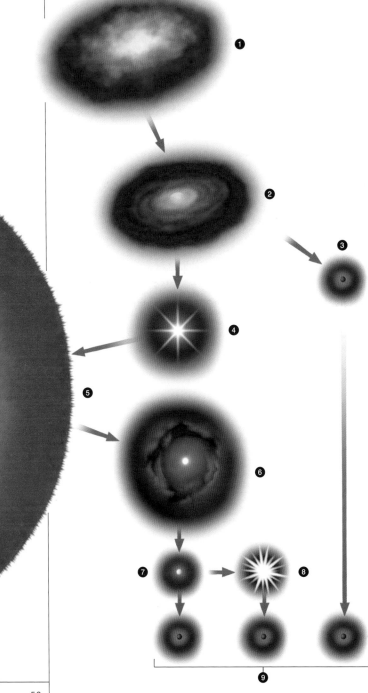

UN LONG PROCESSUS

Les étoiles naissent au sein d'un immense nuage d'hydrogène et de poussière qu'on appelle nébuleuse ❶. Peu à peu, le nuage se contracte sur lui-même ; la pression fait croître la température. Une protoétoile ❷ apparaît. Il lui faudra quelques dizaines de millions d'années pour devenir une étoile.

Si la protoétoile a une masse insuffisante pour engendrer une réaction nucléaire, elle devient une naine brune ❸. La protoétoile dont la masse est plus grande enclenche pour sa part un processus de fusion nucléaire et entame sa vie adulte ; elle devient une étoile de la séquence principale ❹. C'est le cas du Soleil actuellement.

Après environ dix milliards d'années, l'étoile devient une géante rouge ❺ qui aura 100 fois le diamètre du Soleil et des centaines de fois sa luminosité. Avec le temps, les couches périphériques de la géante rouge se dissipent dans l'espace. Éclairées par le cœur de l'étoile, elles forment, pour environ un milliard d'années, une nébuleuse planétaire ❻.

Progressivement, le noyau de l'étoile se contracte et diminue jusqu'à atteindre la taille de la Terre. L'astre devient une naine blanche ❼, un objet d'une énorme densité. Si la naine blanche est accompagnée d'une seconde étoile, elle aspirera la matière de celle-ci et se transformera en nova ❽ extrêmement brillante. Puis, l'éclat de l'étoile diminuera jusqu'à disparaître totalement. Au bout de quelques milliards d'années, ce ne sera plus qu'un astre mort, une naine noire ❾.

LES ÉTOILES EN FIN DE PARCOURS

À la fin de leur vie, les étoiles de faible masse deviennent des **naines blanches**, les restes d'une étoile autrefois plus éclatante mais toujours très dense.

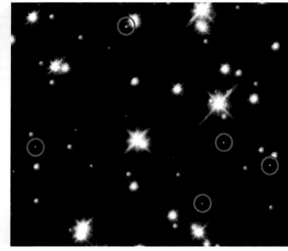

L'amas d'étoiles M4 observé depuis la Terre.

Le même amas observé avec le télescope spatial *Hubble*. Les naines blanches sont entourées d'un cercle. Elles représentent approximativement 10 % de l'ensemble des étoiles.

UN PHÉNOMÈNE SPECTACULAIRE

Une naine blanche qui se transforme soudainement en un astre très éclatant est appelée «nova», un terme qui signifie «nouvelle étoile». Chaque année, au sein de la Voie lactée, une cinquantaine d'étoiles deviendraient ainsi des novae.

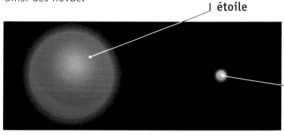

étoile

naine blanche

Le phénomène qui donne naissance aux novae est susceptible de se produire lorsqu'une naine blanche se trouve près d'une autre étoile.

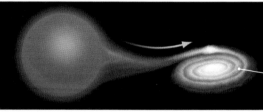

disque d'accrétion

La naine blanche aspire parfois une partie de la matière de sa compagne. La matière s'accumule à la surface et forme un disque d'accrétion.

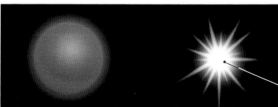

nova

La température s'élève, ce qui engendre une formidable explosion. Une nova brille alors dans le ciel. En un an, cette «nouvelle étoile» émettra plus d'énergie que le Soleil durant un million d'années.

UNE ÉTOILE RATÉE

Les **naines brunes** sont plus grosses que les planètes mais leur masse est trop faible pour déclencher une réaction nucléaire. Sur la photo : une minuscule naine brune à côté de la petite étoile Gliese 229.

Les étoiles massives

Un destin éclatant

L'évolution des étoiles massives diffère de celle des étoiles de faible masse. Plus brève, leur vie est aussi plus spectaculaire : l'étoile massive est plus lumineuse qu'une étoile de faible masse et passe plus rapidement d'un stade à l'autre puisqu'elle brûle plus rapidement son carburant. Alors que les petites étoiles mettront des milliards d'années à fusionner leur hydrogène en hélium, les étoiles massives y parviendront en quelques millions d'années, avant de devenir des supernovae...

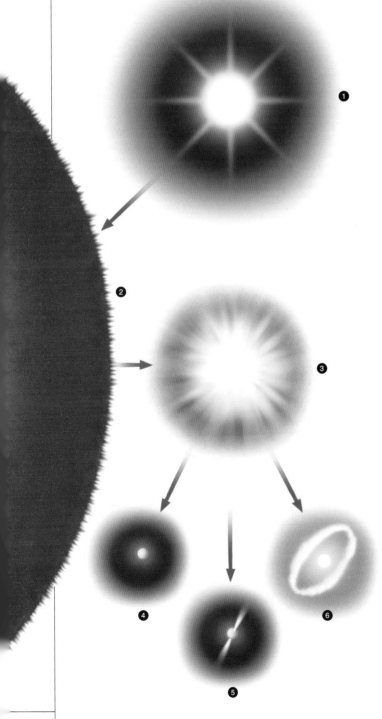

ÉNERGIE ET DENSITÉ EXTRÊMES

Les étoiles massives évoluent sensiblement comme les étoiles de faible masse, pour devenir des étoiles de la séquence principale ❶.

Après 500 millions d'années, l'étoile devient une supergéante ❷ qui a 500 fois le diamètre du Soleil et 10 000 fois sa luminosité. Contrairement aux étoiles de faible masse, l'étoile massive poursuit ensuite le processus de fusion pour donner naissance aux 26 premiers éléments chimiques, jusqu'au fer.

En moins d'une seconde, l'étoile s'effondre sur elle-même et explose avec une telle intensité qu'elle libère plus d'énergie que des milliards de soleils : c'est dorénavant une supernova ❸. Durant quelques semaines, elle brille davantage que les milliards d'étoiles qui forment la galaxie où elle réside.

La supernova laisse derrière elle un reliquat de la matière effondrée : une étoile à neutrons ❹, laquelle contient autant de matière qu'un soleil, concentrée dans un espace de la taille d'une grande ville. Il s'agit d'un astre incroyablement dense. L'étoile à neutrons qui tourne rapidement sur elle-même est un pulsar ❺. Si le reste de la supernova est supérieur à trois masses solaires, cette matière continue de se condenser pour se transformer en un trou noir ❻.

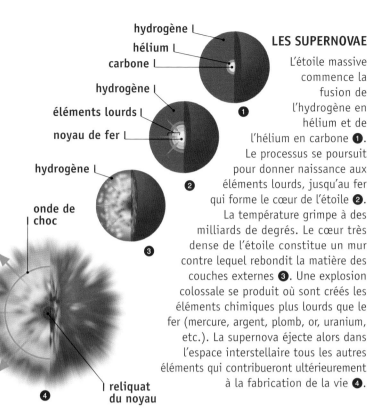

hydrogène
hélium
carbone

❶

hydrogène
éléments lourds
noyau de fer

❷

hydrogène

❸

onde de choc

❹

reliquat du noyau

LES SUPERNOVAE

L'étoile massive commence la fusion de l'hydrogène en hélium et de l'hélium en carbone ❶. Le processus se poursuit pour donner naissance aux éléments lourds, jusqu'au fer qui forme le cœur de l'étoile ❷. La température grimpe à des milliards de degrés. Le cœur très dense de l'étoile constitue un mur contre lequel rebondit la matière des couches externes ❸. Une explosion colossale se produit où sont créés les éléments chimiques plus lourds que le fer (mercure, argent, plomb, or, uranium, etc.). La supernova éjecte alors dans l'espace interstellaire tous les autres éléments qui contribueront ultérieurement à la fabrication de la vie ❹.

En février 1987, une supergéante située dans le Grand Nuage de Magellan explose et devient une supernova, nommée **Supernova 1987a**, la plus proche et la plus brillante observée depuis près de quatre siècles. En haut, une photo prise peu avant l'explosion de l'étoile.

ÉTOILES À NEUTRONS ET PULSARS

Comme son nom l'indique, l'étoile à neutrons se compose principalement de neutrons fortement comprimés, résultat des électrons et des protons qui se sont combinés au moment de l'explosion de la supernova. Le pulsar (nom provenant de la contraction de *pulsating star*) désigne une étoile à neutrons qui tourne très rapidement sur elle-même en émettant ainsi un signal radio régulier. Les deux pôles de l'intense champ magnétique de l'étoile produisent chacun un faisceau d'ondes électromagnétiques.

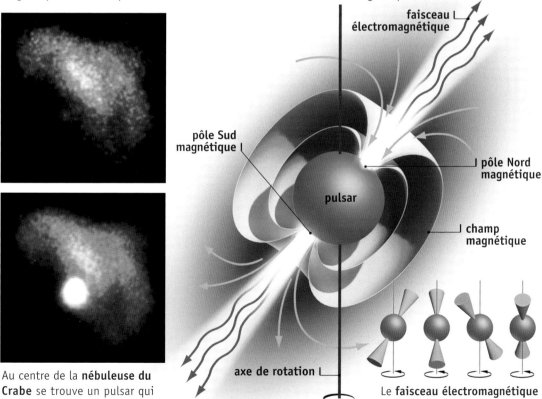

faisceau électromagnétique

pôle Sud magnétique

pulsar

pôle Nord magnétique

champ magnétique

axe de rotation

Au centre de la **nébuleuse du Crabe** se trouve un pulsar qui émet des pulsations à toutes les 33 millisecondes.

Le **faisceau électromagnétique** du pulsar tournoie dans l'espace comme la lumière d'un phare.

Étranges trous noirs

L'ultime fin des étoiles massives

Certaines étoiles qui sont des dizaines de fois plus massives que le Soleil connaissent un destin exceptionnel. Leur noyau s'effondre sur lui-même jusqu'à disparaître totalement pour devenir un trou noir... l'étape ultime de la vie de l'étoile. Ce trou noir produit une force gravitationnelle si intense que plus rien ne peut s'en échapper, pas même la lumière !

Un objet aussi bizarre ne peut être détecté en tant que tel. Par contre, on peut observer les effets qu'il exerce sur l'espace environnant.

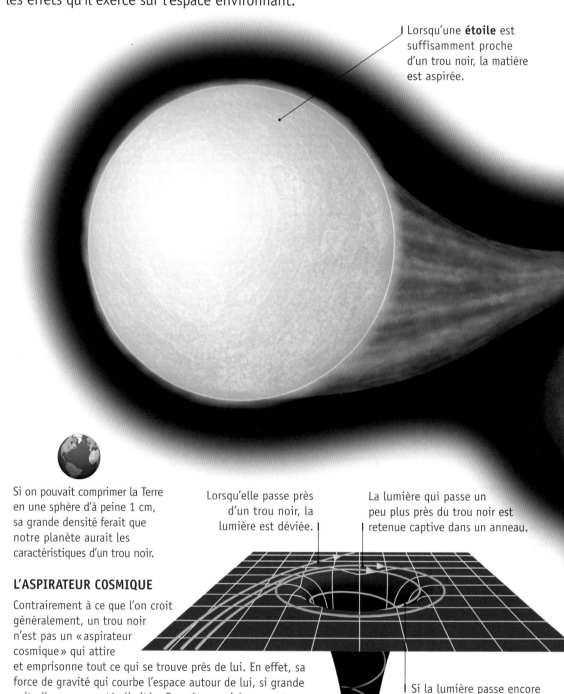

Lorsqu'une **étoile** est suffisamment proche d'un trou noir, la matière est aspirée.

Si on pouvait comprimer la Terre en une sphère d'à peine 1 cm, sa grande densité ferait que notre planète aurait les caractéristiques d'un trou noir.

Lorsqu'elle passe près d'un trou noir, la lumière est déviée.

La lumière qui passe un peu plus près du trou noir est retenue captive dans un anneau.

L'ASPIRATEUR COSMIQUE

Contrairement à ce que l'on croit généralement, un trou noir n'est pas un « aspirateur cosmique » qui attire et emprisonne tout ce qui se trouve près de lui. En effet, sa force de gravité qui courbe l'espace autour de lui, si grande soit-elle, a une portée limitée. Pour être aspiré par un trou noir, un corps céleste doit être relativement près de lui.

Si la lumière passe encore plus près, elle s'engouffre à tout jamais dans le trou noir.

COMMENT SE FORME UN TROU NOIR ?

Après l'explosion d'une étoile massive (supernova), le reste du cœur commence à se contracter et exerce une extraordinaire force gravitationnelle. Ainsi à la surface de l'étoile, les rayons lumineux arrivent encore à s'échapper ❶. Peu à peu, les rayons sont courbés sous l'effet de la gravité qui augmente sans cesse ❷ jusqu'à ne plus pouvoir s'en échapper ❸. L'astre finit par s'écraser sur lui-même pour atteindre un volume nul de matière infiniment dense ; c'est un trou noir ❹ duquel rien ne peut s'échapper, pas même les photons de lumière. Il est donc invisible.

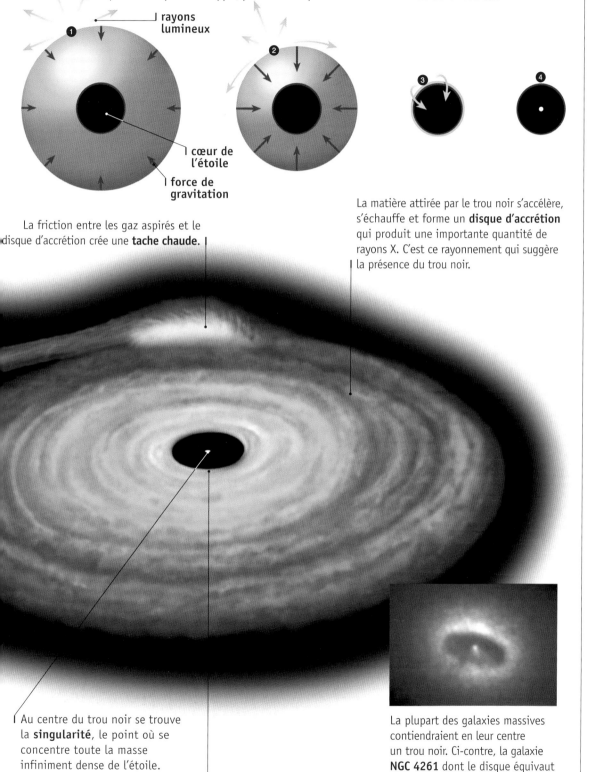

rayons lumineux

cœur de l'étoile

force de gravitation

La friction entre les gaz aspirés et le disque d'accrétion crée une **tache chaude.**

La matière attirée par le trou noir s'accélère, s'échauffe et forme un **disque d'accrétion** qui produit une importante quantité de rayons X. C'est ce rayonnement qui suggère la présence du trou noir.

Au centre du trou noir se trouve la **singularité**, le point où se concentre toute la masse infiniment dense de l'étoile.

L'**horizon des événements** marque la limite au-delà de laquelle la matière reste prisonnière.

La plupart des galaxies massives contiendraient en leur centre un trou noir. Ci-contre, la galaxie **NGC 4261** dont le disque équivaut à 100 000 soleils tombant au centre dans un trou noir.

Les amas stellaires

De vastes concentrations d'étoiles

Les étoiles naissent par dizaines au sein d'immenses nuages qu'on appelle amas stellaires qui rassemblent une multitude d'étoiles. Le phénomène donne parfois lieu à des pouponnières stellaires d'une beauté féerique.

Ces amas nous permettent de voir en un coup d'œil et dans un espace restreint l'évolution de la gamme des étoiles – des petites étoiles rouges jusqu'aux géantes bleues, en passant par les étoiles de type solaire – dont l'âge est le même.

LES AMAS OUVERTS

Un amas ouvert, aussi appelé amas galactique, est un petit groupe d'étoiles de forme irrégulière. Il rassemble plusieurs centaines ou quelques milliers d'étoiles et occupe des dimensions relativement limitées. Il s'agit d'une véritable pouponnière stellaire, c'est-à-dire un lieu où l'on observe des étoiles âgées d'à peine quelques millions d'années. Pour cette raison, c'est dans ce type d'amas qu'on retrouve les grosses étoiles bleues qui ont une courte existence. On y observe également beaucoup de gaz et de poussière, ce qui donne lieu à de splendides paysages cosmiques.

L'amas ouvert des **Pléiades**, situé dans l'hémisphère boréal, est constitué de plusieurs centaines d'étoiles dont les Sept Sœurs, visibles à l'œil nu.

Le détail d'une spectaculaire photographie prise par le télescope spatial *Hubble* montre le processus de formation des étoiles, dans la **nébuleuse de l'Aigle**. Les pics de gaz situés au sommet de la colonne entourent les nouvelles étoiles naissantes.

On estime à environ un 1 500 le nombre d'amas ouverts se trouvant dans la Voie lactée. Ces amas sont tous situés à l'intérieur du disque de notre Galaxie.

LES AMAS GLOBULAIRES

Un amas globulaire est un nuage sphérique qui comprend généralement des centaines de milliers ou des millions d'étoiles. À la différence d'un amas ouvert, il contient des étoiles plus âgées et par conséquent peu de grosses étoiles bleues. Le nuage est en outre pratiquement dépourvu de gaz et de poussière interstellaire puisque la concentration d'étoiles y est des dizaines de fois plus importante que dans un amas ouvert.

L'amas globulaire du **Toucan**, célèbre amas de l'hémisphère austral, comprend deux ou trois millions d'étoiles. Sa luminosité est un demi-million de fois plus grande que celle du Soleil.

On a répertorié quelque 150 amas globulaires autour de notre Galaxie, répartis dans un halo sphérique. Ces amas se seraient constitués avant la formation de la Voie lactée.

Les constellations imaginaires

La méthode simple pour se repérer dans le ciel

En regardant le firmament, loin de toute lumière, on peut voir jusqu'à 3 000 étoiles depuis chacun des hémisphères. Afin de se guider parmi cette myriade d'étoiles, nos lointains ancêtres ont créé les constellations qui permettent de répartir aisément les milliers d'étoiles visibles à l'œil nu en portion qu'on peut mémoriser.

Avec le temps, nous avons peuplé le ciel d'un nombre croissant de figures de toutes sortes comprenant aussi bien des formes géométriques, des représentations d'animaux ou de personnages mythologiques auxquels nous avons souvent attribué une histoire ou une légende. En 1929, l'Union astronomique internationale a délimité les régions du ciel où se trouvent les 88 constellations que l'on reconnaît toujours aujourd'hui.

LE ZODIAQUE

La trajectoire annuelle de la Terre traverse douze de ces constellations. On appelle cette bande du firmament le Zodiaque. La Lune, le Soleil et les planètes semblent s'y mouvoir. Les constellations ne se trouvent jamais à plus de 40° de l'équateur céleste. Selon la période de l'année, différentes constellations sont visibles la nuit depuis la Terre. Ainsi, en mars, on aperçoit les constellations du Lion et de la Vierge.

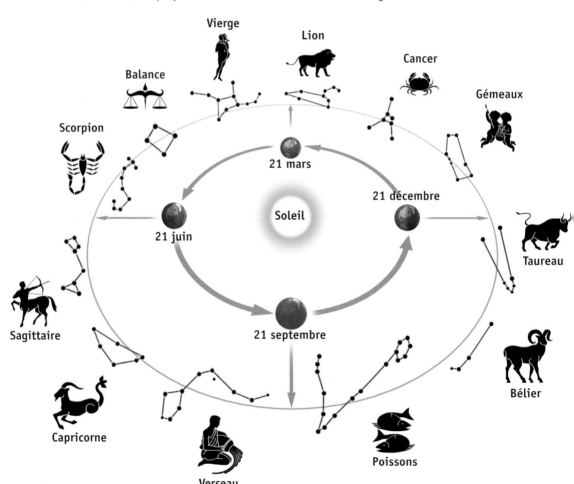

APPARENCES TROMPEUSES

Les constellations sont des regroupements arbitraires d'étoiles. La plupart du temps, les étoiles d'une constellation sont très distantes les unes des autres, et la forme apparente qu'elles dessinent dans le ciel résulte d'un effet de perspective. C'est le cas des huit étoiles qui composent la Grande Ourse. Les deux étoiles les plus éloignées, Alkaïd et Dubhe, se trouvent à des dizaines d'années-lumière (a.l.) des autres étoiles de la constellation.

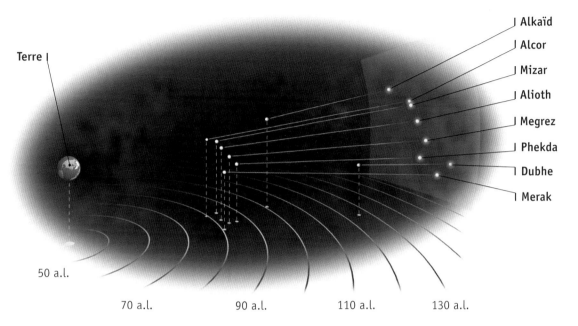

D'UN HÉMISPHÈRE À L'AUTRE

Le ciel compte environ 6 000 étoiles visibles à l'œil nu, regroupées en 88 constellations. Il est cependant impossible de voir toutes les constellations à partir d'un point donné du globe. Par contre, à l'équateur, une partie des constellations des deux hémisphères peut être observée. C'est ce qui explique que certaines constellations présentes dans l'hémisphère austral (qui regroupe 55 constellations) soient également visibles depuis l'hémisphère boréal (qui compte 33 constellations) et inversement.

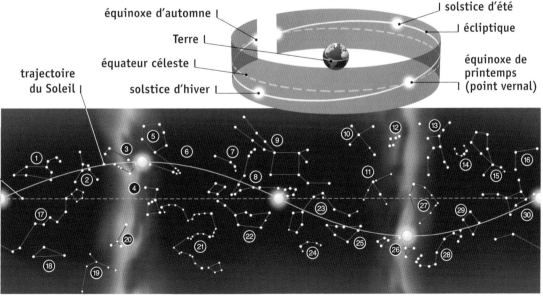

1. Lion	7. Bélier	13. Hercule	19. Poupe	25. Capricorne
2. Cancer	8. Poissons	14. Couronne boréale	20. Grand Chien	26. Sagittaire
3. Gémeaux	9. Pégase	15. Bouvier	21. Éridan	27. Ophiuchus
4. Orion	10. Cygne	16. Chevelure de Bérénice	22. Baleine	28. Scorpion
5. Cocher	11. Aigle	17. Hydre	23. Verseau	29. Balance
6. Taureau	12. Lyre	18. Machine pneumatique	24. Poisson austral	30. Vierge

Les constellations de l'hémisphère austral

Un firmament aussi riche que méconnu

Regarder le ciel du Sud revient à contempler le centre de notre Voie lactée. Pour cette raison, notre Galaxie y paraît beaucoup plus étincelante. Le firmament austral est aussi très riche en nébuleuses et en amas d'étoiles.

Les noms donnés aux constellations de cet hémisphère se distinguent de ceux de l'hémisphère boréal. On parle de la Croix du Sud ❹❺ (la plus célèbre de cet hémisphère), la Mouche ❹❸, le Paon ❶❹, le Triangle austral ❷❸, la Table ❷❼, le Toucan ❶❸. Ces constellations ont été inventées par les premiers marins occidentaux qui ont sillonné les mers du Sud. Ce sont eux qui ont établi ces points de repère utiles en faisant fi de la mythologie – preuve s'il en est que les constellations sont des constructions imaginaires de l'esprit humain.

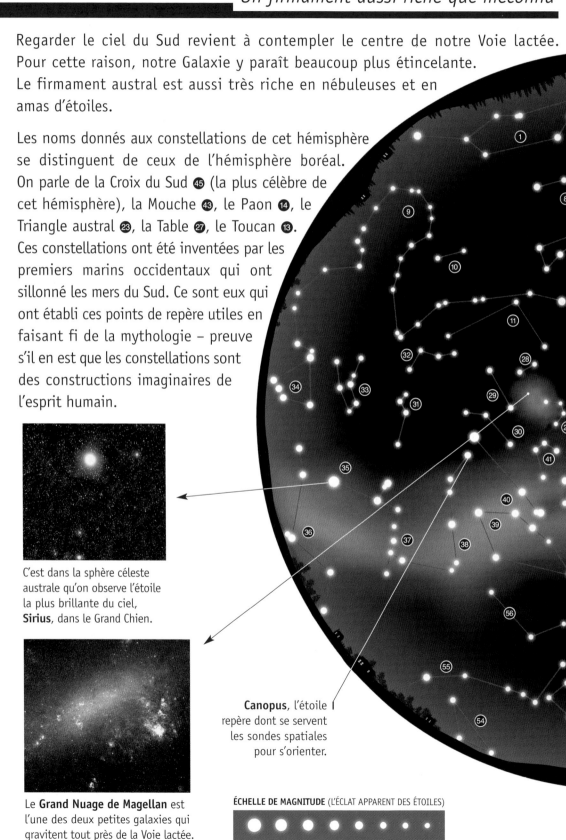

C'est dans la sphère céleste australe qu'on observe l'étoile la plus brillante du ciel, **Sirius**, dans le Grand Chien.

Le **Grand Nuage de Magellan** est l'une des deux petites galaxies qui gravitent tout près de la Voie lactée.

Canopus, l'étoile repère dont se servent les sondes spatiales pour s'orienter.

ÉCHELLE DE MAGNITUDE (L'ÉCLAT APPARENT DES ÉTOILES)

| - 1 | 0 | 1 | 2 | 3 | 4 | 5 | 6 |

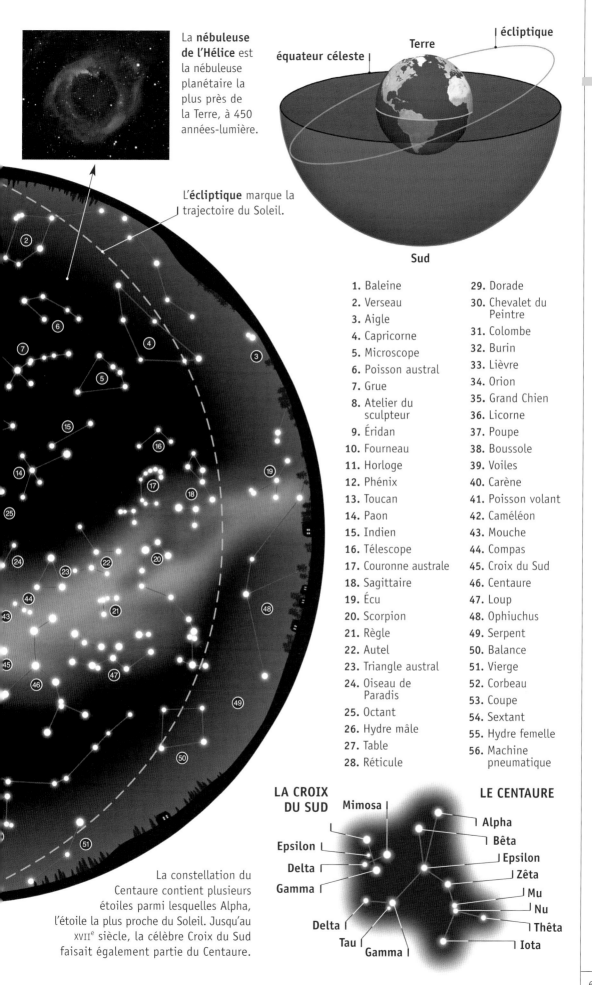

La **nébuleuse de l'Hélice** est la nébuleuse planétaire la plus près de la Terre, à 450 années-lumière.

L'**écliptique** marque la trajectoire du Soleil.

écliptique

Terre

équateur céleste

Sud

1. Baleine
2. Verseau
3. Aigle
4. Capricorne
5. Microscope
6. Poisson austral
7. Grue
8. Atelier du sculpteur
9. Éridan
10. Fourneau
11. Horloge
12. Phénix
13. Toucan
14. Paon
15. Indien
16. Télescope
17. Couronne australe
18. Sagittaire
19. Écu
20. Scorpion
21. Règle
22. Autel
23. Triangle austral
24. Oiseau de Paradis
25. Octant
26. Hydre mâle
27. Table
28. Réticule
29. Dorade
30. Chevalet du Peintre
31. Colombe
32. Burin
33. Lièvre
34. Orion
35. Grand Chien
36. Licorne
37. Poupe
38. Boussole
39. Voiles
40. Carène
41. Poisson volant
42. Caméléon
43. Mouche
44. Compas
45. Croix du Sud
46. Centaure
47. Loup
48. Ophiuchus
49. Serpent
50. Balance
51. Vierge
52. Corbeau
53. Coupe
54. Sextant
55. Hydre femelle
56. Machine pneumatique

La constellation du Centaure contient plusieurs étoiles parmi lesquelles Alpha, l'étoile la plus proche du Soleil. Jusqu'au XVIIe siècle, la célèbre Croix du Sud faisait également partie du Centaure.

LA CROIX DU SUD

Mimosa
Epsilon
Delta
Gamma
Delta
Tau
Gamma

LE CENTAURE

Alpha
Bêta
Epsilon
Zêta
Mu
Nu
Thêta
Iota

Les constellations de l'hémisphère boréal

Une petite balade au firmament

Observer le ciel du Nord revient à regarder en direction opposée du centre de notre Galaxie. Les constellations de cet hémisphère ne sont pas visibles depuis les basses latitudes. Par contre, au nord de l'Europe ou de l'Amérique, certaines d'entre elles peuvent être observées toutes les nuits de l'année, notamment la Grande ❸❷ et la Petite Ourse ❷❶.

D'autres constellations sont relativement faciles à repérer, parmi lesquelles l'énorme carré de Pégase, formé de quatre étoiles brillantes. On remarque également la constellation du Cygne ❶❶ où brille Deneb, une étoile 70 000 fois plus lumineuse que le Soleil.

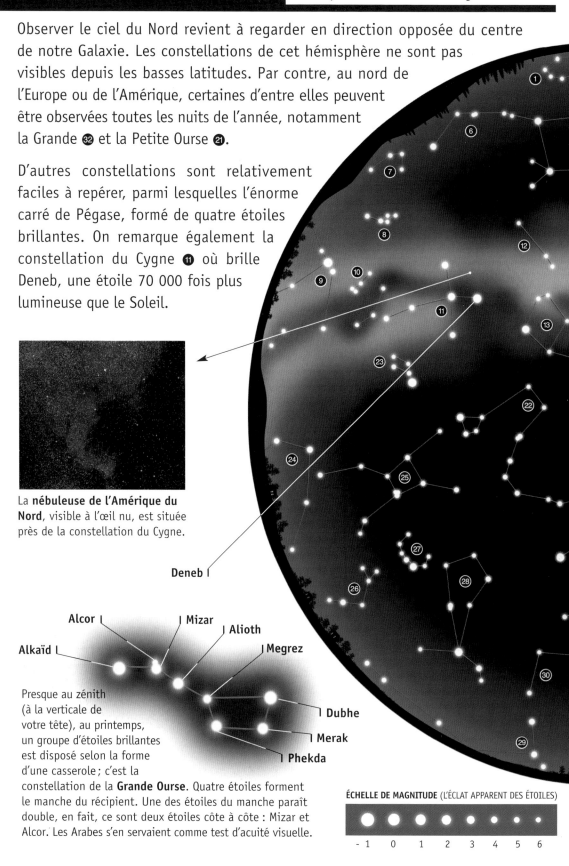

La **nébuleuse de l'Amérique du Nord**, visible à l'œil nu, est située près de la constellation du Cygne.

Deneb

Alcor Mizar Alioth

Alkaïd Megrez

Dubhe

Merak

Phekda

Presque au zénith (à la verticale de votre tête), au printemps, un groupe d'étoiles brillantes est disposé selon la forme d'une casserole ; c'est la constellation de la **Grande Ourse**. Quatre étoiles forment le manche du récipient. Une des étoiles du manche paraît double, en fait, ce sont deux étoiles côte à côte : Mizar et Alcor. Les Arabes s'en servaient comme test d'acuité visuelle.

ÉCHELLE DE MAGNITUDE (L'ÉCLAT APPARENT DES ÉTOILES)

| -1 | 0 | 1 | 2 | 3 | 4 | 5 | 6 |

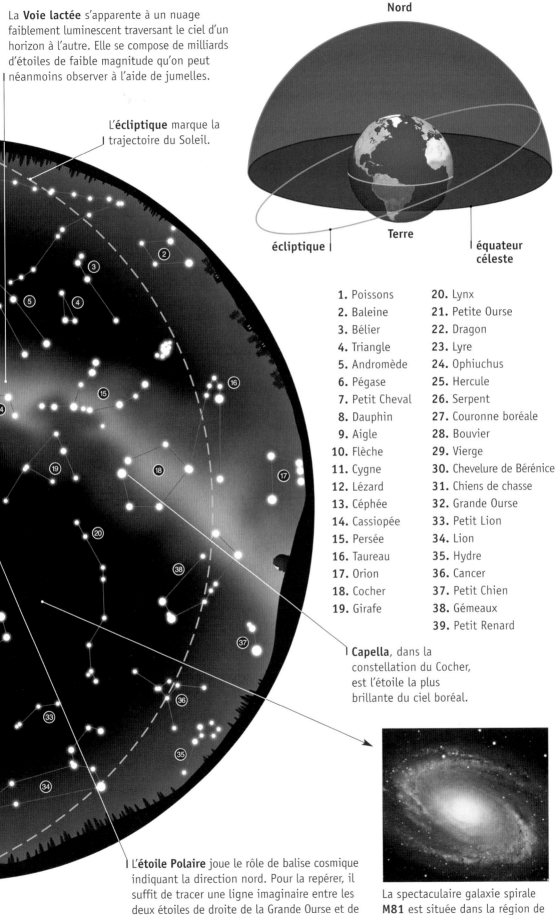

La **Voie lactée** s'apparente à un nuage faiblement luminescent traversant le ciel d'un horizon à l'autre. Elle se compose de milliards d'étoiles de faible magnitude qu'on peut néanmoins observer à l'aide de jumelles.

L'**écliptique** marque la trajectoire du Soleil.

Nord

écliptique

Terre

équateur céleste

1. Poissons
2. Baleine
3. Bélier
4. Triangle
5. Andromède
6. Pégase
7. Petit Cheval
8. Dauphin
9. Aigle
10. Flèche
11. Cygne
12. Lézard
13. Céphée
14. Cassiopée
15. Persée
16. Taureau
17. Orion
18. Cocher
19. Girafe

20. Lynx
21. Petite Ourse
22. Dragon
23. Lyre
24. Ophiuchus
25. Hercule
26. Serpent
27. Couronne boréale
28. Bouvier
29. Vierge
30. Chevelure de Bérénice
31. Chiens de chasse
32. Grande Ourse
33. Petit Lion
34. Lion
35. Hydre
36. Cancer
37. Petit Chien
38. Gémeaux
39. Petit Renard

Capella, dans la constellation du Cocher, est l'étoile la plus brillante du ciel boréal.

L'**étoile Polaire** joue le rôle de balise cosmique indiquant la direction nord. Pour la repérer, il suffit de tracer une ligne imaginaire entre les deux étoiles de droite de la Grande Ourse et de la prolonger de cinq fois vers le nord.

La spectaculaire galaxie spirale **M81** est située dans la région de la Grande Ourse.

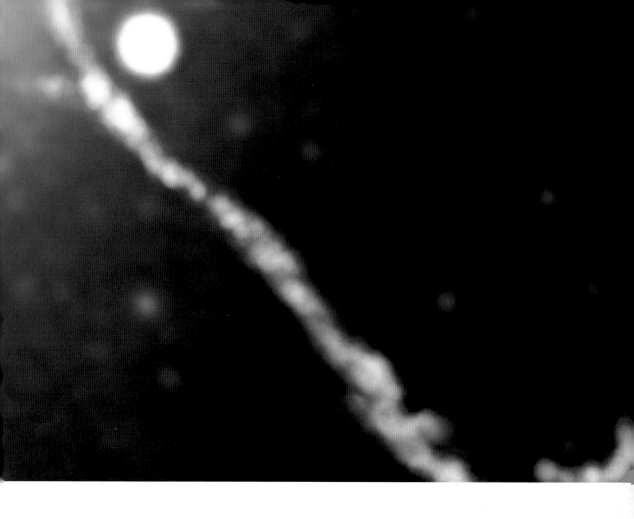

La Voie lactée, la galaxie spirale où se trouve notre Soleil, se partage l'Univers avec des milliards de galaxies qui sont de grands amas multiformes regroupant des milliards d'étoiles. Entourées d'immenses espaces vides, ces galaxies dans leur ensemble composent la toile de fond de tout l'Univers. Tour d'horizon de ces amas dont l'étude nous rappelle notre importance toute relative.

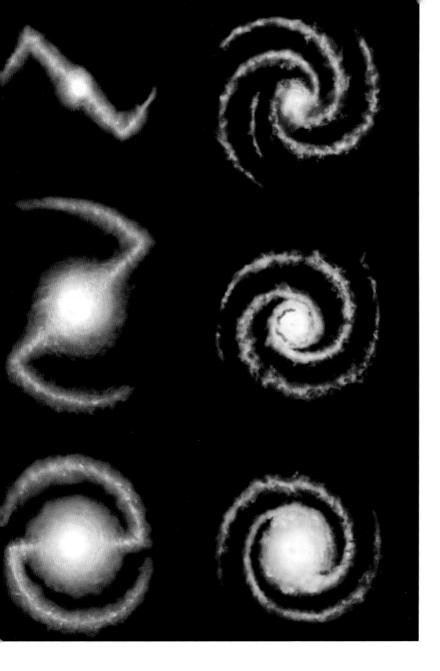

Les galaxies

68 **Les galaxies**
Ces milliards d'îlots de milliards d'étoiles...

69 **La classification des galaxies**
Distinguer un ensemble d'un autre

70 **La Voie lactée**
Notre îlot dans l'Univers

72 **Le groupe local**
Les galaxies qui accompagnent la nôtre

73 **Les amas de galaxies**
Les vastes ensembles de l'Univers

74 **Les galaxies actives**
Une intense énergie au cœur des galaxies

Les galaxies

Ces milliards d'îlots de milliards d'étoiles...

Une galaxie est un regroupement de plusieurs milliards d'étoiles et de matière interstellaire liées ensemble par la gravitation. Chaque galaxie forme un îlot brillant perdu dans l'immensité noire de l'Univers. On estime que l'Univers contient environ 100 milliards de galaxies et que chacune d'elles renferme, en moyenne, une centaine de milliards d'étoiles. Les galaxies naines en contiennent à peine quelques millions tandis que les galaxies géantes en rassemblent des milliers de milliards. Le diamètre de ces diverses galaxies s'échelonne de quelque 3 000 années-lumière jusqu'à plus de 500 000.

LA NAISSANCE D'UNE GALAXIE

Environ deux milliards d'années après le Big Bang, des galaxies se seraient formées à partir de nuages diffus de gaz et de matière.

Sous l'effet de la gravitation, la matière commence à s'agglomérer vers le centre.

Au moment de l'effondrement, le nuage s'aplatit pour former un disque avec un large bulbe central dans lequel de nouvelles étoiles naîtront.

Avec le temps, le disque s'aplatit encore et l'on assiste finalement à la formation des bras spiraux.

DES GALAXIES DE TOUTE TAILLE ET FORME

Dans la constellation Éridan, on trouve une splendide galaxie spirale, **NGC 1232**. De jeunes étoiles sont visibles partout dans ses longs bras.

La galaxie **Sombrero**, située dans la constellation de la Vierge, est un bon exemple de galaxie lenticulaire caractérisée par un énorme noyau.

La galaxie spirale barrée **NGC 1365** se trouve dans la constellation du Fourneau, à environ 60 millions d'années-lumière de la Terre.

Le **Grand Nuage de Magellan** est une galaxie irrégulière typique, située à proximité de la Voie lactée, notre Galaxie.

La classification des galaxies

Distinguer un ensemble d'un autre

Dès 1925, l'astronome Edwin Hubble a conçu une méthode simple de classification des galaxies qui sert encore aujourd'hui. Il a d'abord identifié trois formes principales – les galaxies elliptiques, spirales et irrégulières – auxquelles il a ensuite ajouté la forme lenticulaire. Environ 60 % des galaxies observées seraient de forme spirale, 20 % lenticulaire, 15 % elliptique et entre 3 et 5 % irrégulière.

GALAXIES ELLIPTIQUES

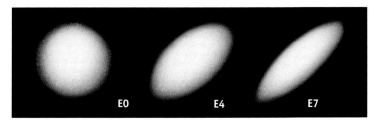

EO   E4   E7

Les galaxies elliptiques (E) ont la forme d'une sphère régulière, qui s'aplatit progressivement. Elles sont classées selon le degré d'allongement de l'ellipse, de 0 à 7.

GALAXIES LENTICULAIRES

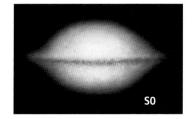

SO

Les galaxies lenticulaires (SO) ressemblent à des galaxies elliptiques très aplaties, mais elles possèdent un important noyau comme les galaxies spirales.

GALAXIES SPIRALES

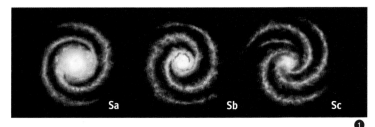

Sa   Sb   Sc

❶

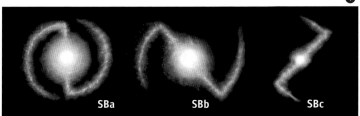

SBa   SBb   SBc

❷

Les galaxies spirales possèdent de chaque côté de leur noyau des bras courbés en forme de spirale. Elles sont réparties en catégories dites Sa, Sb et Sc selon la dimension du noyau et l'aspect plus ou moins resserré des bras spiraux. Notre Voie lactée est une spirale de type Sb.

Les spirales normales (S) ❶ présentent souvent deux bras émergeant des côtés opposés du noyau. Les spirales barrées (SB) ❷ sont traversées par une barre d'étoiles et de matière interstellaire aux extrémités de laquelle les bras spiraux prennent naissance.

GALAXIES IRRÉGULIÈRES

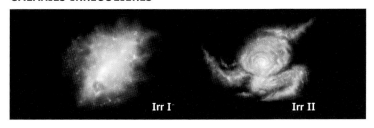

Irr I   Irr II

Les galaxies irrégulières n'ont pas de noyau, de bras ou de forme spécifique. Les galaxies irrégulières de type I (Irr I) ne présentent pas de structure définie alors que les galaxies irrégulières de type II (Irr II) semblent présenter une structure perturbée.

La Voie lactée

Notre îlot dans l'Univers

Notre Système solaire se trouve au sein d'une galaxie qu'on appelle la Voie lactée. Vue de la Terre, celle-ci apparaît comme une mince bande nuageuse, faiblement lumineuse qui traverse le ciel nocturne de part en part. On dirait une coulée de lait, d'où le nom qui a inspiré les Grecs.

Composée de 200 à 300 milliards d'étoiles qui forment un imposant disque muni de bras spiraux, notre Galaxie serait âgée de 10 milliards d'années alors que le Système solaire aurait quelque 5 milliards d'années.

LA GALAXIE VUE DE DESSUS

bras de Persée

Notre **Système solaire** se trouve en périphérie, dans le bras local d'Orion qui semble sortir du bras de Persée.

bras de Sagittaire

On a récemment confirmé la présence d'un **trou noir** au centre de notre Galaxie.

bras du Cygne

Le **bulbe** est la région la plus dense de la Voie lactée ; on y retrouve la plus grande concentration d'étoiles.

bras du Centaure

LA GALAXIE VUE DE PROFIL

La galaxie est entourée d'un **halo** contenant de très vieilles étoiles.

Au centre du disque, le **bulbe** atteint 15 000 années-lumière d'épaisseur.

Les vieilles étoiles sont réparties dans 150 **amas globulaires**.

Le **disque** ne mesure pas plus de 1 000 années-lumière d'épaisseur sur les bords extérieurs.

Le **Soleil** se trouve à 30 000 années-lumière du centre de la Galaxie.

La Galaxie a un **diamètre** de 100 000 années-lumière.

PANORAMA DE LA VOIE LACTÉE

Il est difficile de déterminer la forme exacte de notre Galaxie puisque le fait de nous y trouver nous enlève toute perspective d'ensemble. Nous nous trouvons légèrement au-dessus de l'équateur galactique alors que le centre nous apparaît dans la direction de la constellation du Sagittaire. Le bulbe nous est malheureusement invisible puisque de la poussière dense et opaque nous empêche de l'observer.

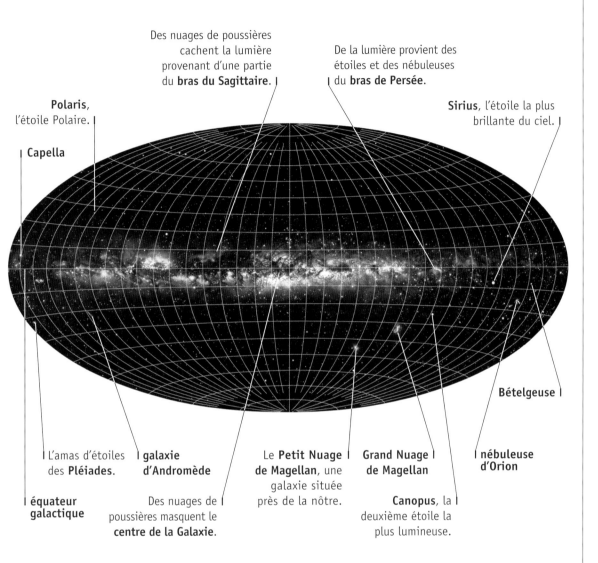

Des nuages de poussières cachent la lumière provenant d'une partie du **bras du Sagittaire**.

De la lumière provient des étoiles et des nébuleuses du **bras de Persée**.

Polaris, l'étoile Polaire.

Sirius, l'étoile la plus brillante du ciel.

Capella

Bételgeuse

L'amas d'étoiles des **Pléiades**.

galaxie d'Andromède

Le **Petit Nuage de Magellan**, une galaxie située près de la nôtre.

Grand Nuage de Magellan

nébuleuse d'Orion

équateur galactique

Des nuages de poussières masquent le **centre de la Galaxie**.

Canopus, la deuxième étoile la plus lumineuse.

FAIRE LE TOUR DU CENTRE GALACTIQUE

La Terre tourne sur elle-même, en 24 heures, à une vitesse de 1 670 km/h (ou 464 m/s) ❶. Elle tourne autour du Soleil, en un an, à une vitesse de 107 000 km/h parcourant ainsi 2,5 millions de kilomètres par jour ❷. Le Soleil quant à lui tourne autour du centre galactique à 1 million de km/h. Il met 220 millions d'années à faire un tour complet ❸. Depuis qu'il existe, le Système solaire n'a fait que 20 fois le tour de la Voie lactée.

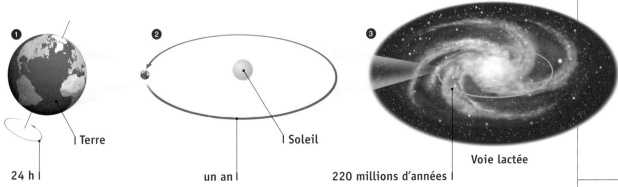

❶ **Terre**

24 h

❷ **Soleil**

un an

❸ **Voie lactée**

220 millions d'années

Le groupe local

Les galaxies qui accompagnent la nôtre

Les galaxies

Comme les étoiles, les galaxies ont tendance à se regrouper entre elles. La Voie lactée, où nous nous trouvons, fait partie d'un groupe local (ou amas) qui comprend une trentaine de galaxies. Notre Galaxie et celle d'Andromède sont les deux plus imposants membres du groupe. La plupart des autres sont de petites galaxies elliptiques ou de forme irrégulière. L'ensemble du groupe local s'étend sur environ 6 millions d'années-lumière.

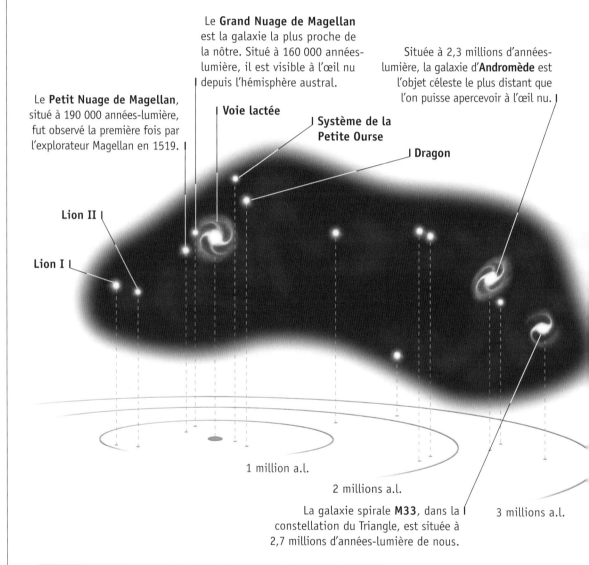

Le **Grand Nuage de Magellan** est la galaxie la plus proche de la nôtre. Situé à 160 000 années-lumière, il est visible à l'œil nu depuis l'hémisphère austral.

Le **Petit Nuage de Magellan**, situé à 190 000 années-lumière, fut observé la première fois par l'explorateur Magellan en 1519.

Située à 2,3 millions d'années-lumière, la galaxie d'**Andromède** est l'objet céleste le plus distant que l'on puisse apercevoir à l'œil nu.

Voie lactée

Système de la Petite Ourse

Dragon

Lion II

Lion I

1 million a.l.

2 millions a.l.

La galaxie spirale **M33**, dans la constellation du Triangle, est située à 2,7 millions d'années-lumière de nous.

3 millions a.l.

La galaxie d'**Andromède** est une spirale qui ressemble beaucoup à la Voie lactée. Elle se rapproche lentement de notre Galaxie avec laquelle elle devrait entrer en collision dans 10 milliards d'années.

Les amas de galaxies

Les vastes ensembles de l'Univers

Les groupes de galaxies, ou amas, contiennent de quelques galaxies à des milliers. Il y a des amas dits « riches » qui sont de grandes concentrations de galaxies importantes rassemblées généralement en une structure définie (de forme sphérique ou ellipsoïdale). Il y a par ailleurs des amas dits « pauvres » qui sont de forme irrégulière et qui contiennent moins de galaxies.

LE SUPERAMAS LOCAL

Cette colossale association s'étend sur plus de 100 millions d'années-lumière et compte plusieurs amas et des milliers de galaxies. Ce superamas local est loin d'être un cas isolé puisqu'on a repéré une cinquantaine d'ensembles comparables contenant chacun en moyenne une douzaine d'amas riches. Certains astronomes recherchent maintenant des structures encore plus grandes.

Le **Groupe local**, dans lequel se trouve notre Galaxie, est situé à la périphérie du superamas local. L'espace environnant est presque totalement vide.

amas de l'Éperon des chiens de chasse

Le Superamas local contient en son centre l'**amas de la Vierge**, son membre le plus massif, situé à 50 millions d'années-lumière de nous et constitué d'environ 2 500 galaxies.

amas de la Vierge III

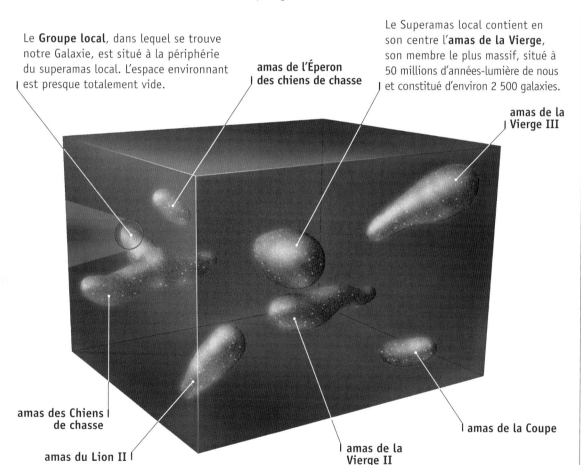

amas des Chiens de chasse

amas du Lion II

amas de la Vierge II

amas de la Coupe

LA FORME D'UNE ÉPONGE

Les astronomes observent de grands réseaux de superamas s'étirant à travers l'Univers sur des centaines de millions d'années-lumière. Les amas et superamas seraient séparés par des sortes de bulles, dont certaines peuvent avoir plus de 300 millions d'années-lumière de diamètre et qui sont pratiquement vides de toute galaxie. Ainsi l'Univers aurait un peu la forme d'une éponge...

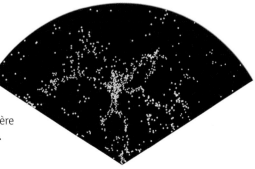

Les galaxies actives

Une intense énergie au cœur des galaxies

Il existe une famille très particulière et fort disparate de galaxies qu'on rassemble sous l'appellation de galaxies actives. Il s'agit de galaxies qui émettent une bonne part de leurs rayonnements sous forme de rayons X, d'infrarouges et d'ondes radio.

Ces galaxies actives (qui comprennent les radiogalaxies, les galaxies de Seyfert et les quasars) présentent toujours des formes très particulières, plus ou moins déformées par la présence de galaxies voisines. Elles émettent de grandes quantités d'énergie, généralement supérieures aux galaxies ordinaires qui émettent surtout de la lumière visible et que nous avons l'habitude d'observer. On pense que les galaxies actives seraient alimentées par des trous noirs présents en leur centre.

LES QUASARS

L'exemple le plus étrange de galaxie active est sans doute celui des quasars (abréviation de l'expression anglaise *quasi-stellar radio sources*). Découverts dans les années 1960, ces objets auraient la taille du Système solaire et ils émettraient plus d'énergie qu'une galaxie composée de centaines de milliards d'étoiles. Les quasars sont parmi les plus lointains objets que l'on peut observer dans l'Univers; leur lumière a été émise il y a des milliards d'années.

Le quasar **3C 273** est l'un des premiers quasars que l'on ait découvert.

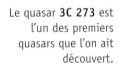

Des forces colossales au centre de la galaxie sont à l'origine de formidables **jets de matière**.

Une photographie prise par le télescope spatial *Hubble* montre en gros plan le puissant jet provenant du noyau du quasar.

LES GALAXIES DE SEYFERT

En 1943, l'astronome Carl Seyfert découvrait un type de galaxie dont le noyau est particulièrement brillant. Sur les quelque 150 galaxies dites de Seyfert, la majorité sont des spirales normales mais qui émettent beaucoup de radiations infrarouges et peu d'ondes radio.

La galaxie Seyfert **NGC 7742** ressemble à une galaxie spirale normale mais son noyau est très lumineux.

LES RADIOGALAXIES

Les radiogalaxies sont des galaxies elliptiques géantes qui peuvent émettre une puissance radio jusqu'à 100 000 fois supérieure à une galaxie ordinaire. L'émission radio peut provenir du centre de la galaxie, dans une région parfois extrêmement petite ou, au contraire, très étendue. Les radiogalaxies contiennent souvent deux régions émettrices d'ondes radio pouvant être séparées l'une de l'autre par des millions d'années-lumière.

L'exceptionnelle luminosité des galaxies actives serait due à la présence d'un **trou noir** qui, happant la matière environnante, crée un jet d'énergie.

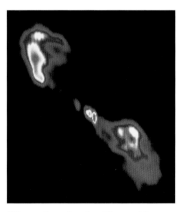

La galaxie **Centaurus A**, située à 15 millions d'années-lumière, est la radiogalaxie la plus proche de nous. À gauche, la galaxie en lumière visible traversée par une large bande de poussière. À droite, l'image radio montre les deux lobes, situés de chaque côté de la galaxie, à 90° de cette bande. L'émission radio invisible provient de ces lobes qui mesurent presque 2 millions d'années-lumière.

En s'éloignant les unes des autres, les galaxies suggèrent que l'Univers est en expansion. Dès lors, on s'interroge. Comment l'Univers a-t-il commencé ? Qu'est-ce que le Big Bang ? Perçoit-on toujours des traces de cet événement originel qui s'est traduit par une formidable explosion ? Quel est le destin probable de l'Univers ? Autant de questions dont cette partie esquisse les réponses.

Structure de l'Univers

78 **Les dimensions de l'Univers**
    De l'infiniment petit à l'infiniment grand

80 **Le Big Bang**
    Les premiers instants de l'Univers

82 **L'expansion de l'Univers**
    Le devenir de milliards de galaxies

83 **Le rayonnement de fond cosmologique**
    Un voyage au début des temps

Les dimensions de l'Univers

De l'infiniment petit à l'infiniment grand

Généralement, la Terre nous semble immense. À l'échelle de l'Univers, elle est pourtant bien petite si l'on considère que les distances dans l'Univers se mesurent aisément en milliards de milliards de kilomètres ou, par commodité, en années-lumière. Notre Système solaire fait lui-même partie d'une galaxie, l'une parmi la centaine de milliards de galaxies que comprend l'Univers...

L'UNIVERS IMAGINÉ À LA MANIÈRE DES POUPÉES RUSSES...

La matière, quel que soit son aspect, est faite d'un nombre restreint de constituants simples. Ainsi, la plus petite particule de matière : un **quark**.

10^{-18} m

Des quarks se groupent entre eux pour former des protons et des neutrons, constituants de base du **noyau atomique**.

10^{-15} m

Ce noyau se trouve au cœur de l'**atome**.

10^{-10} m

On peut aligner plus d'un milliard d'atomes sur une distance de 10 cm correspondant à peu près à la largeur de la **main**.

10^{-1} m

Notre planète, la **Terre**, a un diamètre de 12 756 kilomètres.

| Soleil

10^{7} m

Le **Système solaire** est composé de 9 planètes et d'une étoile, notre Soleil. Tout le Système s'étend sur une douzaine de milliards de kilomètres et est situé dans un des bras spiraux de notre Galaxie.

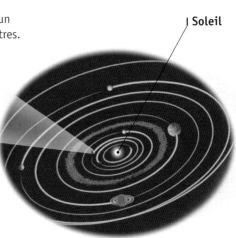

10^{13} m

Pour mesurer l'Univers, les astronomes ont créé de nouvelles unités, en prenant pour mesure étalon la distance Terre-Soleil. Il s'agit de l'unité astronomique (UA), qui correspond à la distance moyenne qui nous sépare de notre étoile. Les distances encore plus grandes sont exprimées par une autre unité : l'année-lumière (a.l.), soit la distance que parcourt la lumière en une année à la vitesse de 300 000 kilomètres à la seconde.

UNITÉS DE MESURE	
unité	valeur
unité astronomique (UA)	149,6 millions de kilomètres
année-lumière (a.l.)	9 460 milliards de kilomètres
parsec (pc)	3,26 années-lumière ou 206 265 UA
mégaparsec (Mpc)	3 260 000 années-lumière

Afin de se représenter la différence entre millier, million et milliard, on peut se rappeler que 1 000 secondes représentent environ un quart d'heure, un million de secondes équivaut à près de 2 semaines tandis qu'un milliard de secondes est l'équivalent de 32 ans...

Les superamas de galaxies forment la toile complexe de l'**Univers** qui contient environ 100 milliards de galaxies. Dans cette structure difficilement imaginable, il y aurait un réseau enchevêtré d'amas, de superamas galactiques, et d'immenses bulles de vide.

10^{30} m

amas de la Vierge |

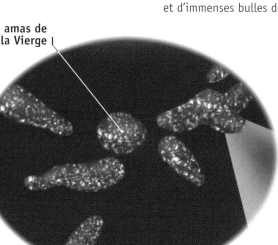

10^{23} m

La Voie lactée fait partie d'un groupe d'une trentaine de galaxies, l'**amas local**. Ces galaxies se maintiennent ensemble dans un espace de moins de dix millions d'années-lumière.

Le groupe local fait lui-même partie d'un **superamas** de galaxies qui constituent une structure complexe, filamenteuse, qui s'étend sur une centaine de millions d'années-lumière.

Andromède |

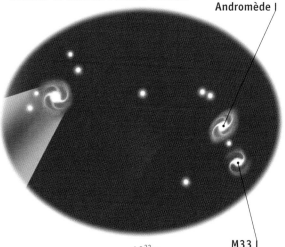

10^{22} m

M33 |

Notre Galaxie, la **Voie lactée**, comporte quelque 200 milliards d'étoiles. Ce gros nuage très aplati mesure 100 années-lumière de diamètre et une dizaine d'années-lumière d'épaisseur.

10^{20} m

Le Big Bang

Les premiers instants de l'Univers

Avant le Big Bang, il n'y avait rien, absolument rien, ni matière, ni énergie, aucune force et pas même le temps. Puis, soudainement, est survenu le Big Bang, la grandiose explosion qui a donné naissance à l'Univers. C'était il y a environ 15 milliards d'années. Même si ce concept est difficile à imaginer, le Big Bang marque le début de l'espace, de la matière et du temps. Quant au temps zéro, et ce qui le précède, « ce qu'il y avait avant », la science ne peut en rendre compte ; c'est l'énigme.

Au cours des premières fractions de la seconde initiale, seule l'énergie existait. Sous l'impulsion de l'explosion, cette énergie se répand et se refroidit ; elle devient matière qui s'organise de façon de plus en plus complexe. L'Univers amorce alors son mouvement d'expansion qui se poursuit encore aujourd'hui.

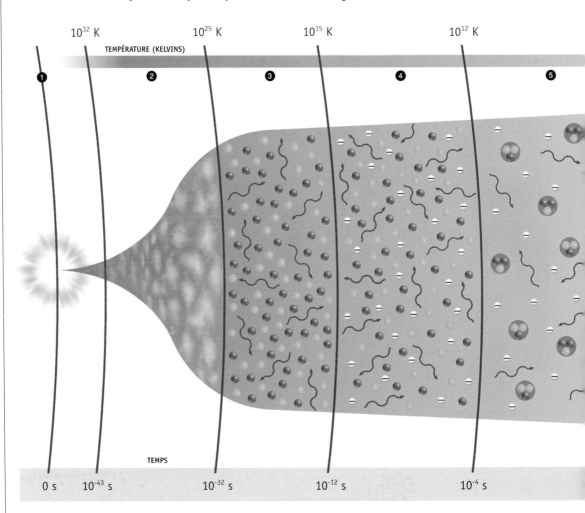

10^{32} K 10^{25} K 10^{15} K 10^{12} K

TEMPÉRATURE (KELVINS)

❶ ❷ ❸ ❹ ❺

TEMPS

0 s 10^{-43} s 10^{-32} s 10^{-12} s 10^{-4} s

À 10^{-43} SECONDE DE L'ORIGINE

Le Big Bang est la théorie la plus généralement acceptée dans la communauté scientifique pour expliquer la naissance de l'Univers. Par l'application des lois connues de la physique et par les progrès vertigineux accomplis dans le domaine de l'observation astronomique, les scientifiques tentent en quelque sorte de parcourir le chemin à rebours et de remonter à ce que fut l'Univers primordial. On peut ainsi remonter jusqu'à une infime portion de la première seconde de l'Univers : écrite au long, cette fraction représente 0,00000000000000000000000000000000000000001 seconde, après le Big Bang.

DES PREMIÈRES SECONDES... JUSQU'À AUJOURD'HUI

À 0 seconde, un état infiniment dense et chaud concentre en un infime point physique toute la masse de l'Univers ❶. Une incommensurable énergie est libérée et l'on assiste alors à l'expansion de la singularité originelle ❷. L'énergie initiale se transforme en matière ; des particules élémentaires tels les photons et les quarks se forment ❸. Progressivement, l'Univers se refroidit et prend de l'expansion. D'autres particules se forment dont l'électron ❹. Peu après, les quarks se groupent entre eux pour former des protons et des neutrons, constituants de base des futurs noyaux atomiques ❺. Après trois minutes, la température s'est abaissée, ce qui permet l'assemblage des protons et neutrons qui constituent les noyaux des premiers éléments légers de l'Univers : l'hydrogène et l'hélium ❻. Lorsque la température atteint moins de 3 000 K, après 300 000 ans, les électrons peuvent s'associer aux protons pour former les premiers atomes stables d'hydrogène et d'hélium ❼. Après 2 milliards d'années, l'effet de la gravitation permet la constitution de nébuleuses, d'embryons de galaxies (ou protogalaxies), de galaxies et des premières étoiles, car la matière s'amalgame dans l'espace ❽. Plus de 8 milliards d'années plus tard, on assiste à la formation du Soleil et des planètes du Système solaire ❾. Par la suite, des atomes se combinent pour former des molécules qui elles-mêmes forment des entités plus complexes pour mener à l'apparition de la vie ❿.

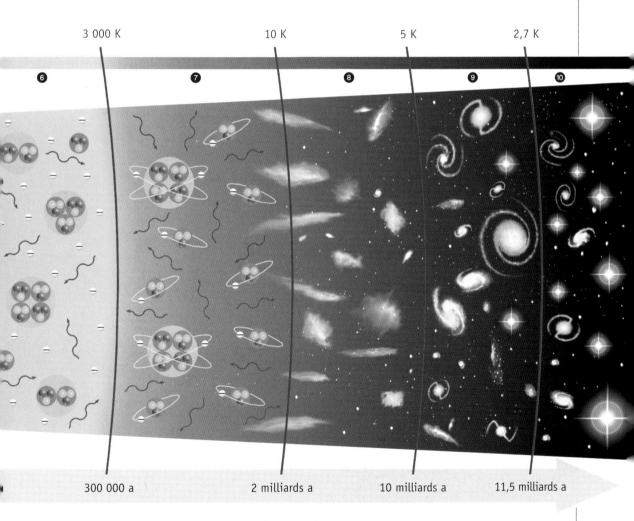

LÉGENDE DE L'ILLUSTRATION

quark photon électron proton neutron atome nébuleuse protogalaxie galaxie étoile

L'expansion de l'Univers

Le devenir de milliards de galaxies

Au début des années 1920, l'Univers tel qu'on se le représente se limite à peu de chose près à notre Galaxie et ne mesure guère plus de 200 000 années-lumière. Cette conception change lorsque l'astronome Edwin Hubble observe la galaxie d'Andromède, semblable à la nôtre. Par la suite, de nombreuses galaxies toujours plus éloignées de nous sont découvertes, si bien que l'Univers est aujourd'hui constitué d'environ 100 milliards de galaxies.

LA LOI DE HUBBLE

Hubble constate que les galaxies s'éloignent les unes des autres et d'autant plus rapidement qu'elles se trouvent distantes. En 1929, il énonce une loi qui stipule que la vitesse d'éloignement des galaxies augmente en fonction de la distance. Une analogie simple permet de comprendre ce phénomène ; imaginons une sphère contenant des galaxies.

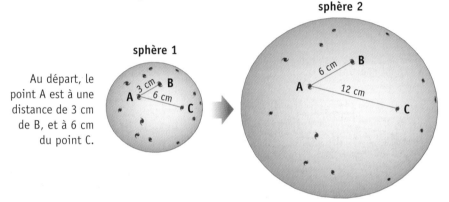

Au départ, le point A est à une distance de 3 cm de B, et à 6 cm du point C.

sphère 1

sphère 2

Si on double le diamètre de la sphère, le point C s'éloigne de A de 6 cm alors que le point B, qui est plus proche, ne s'éloigne que de 3 cm, et ce, dans le même intervalle de temps.

LE DESTIN DE L'UNIVERS

Tel que nous l'observons aujourd'hui, l'Univers est en expansion mais on ignore s'il en sera toujours ainsi. L'un des plus grands défis de la cosmologie moderne consiste à évaluer avec précision la quantité de matière contenue dans l'Univers car l'avenir de celui-ci en dépend.

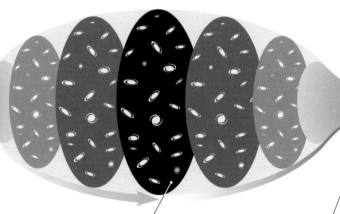

Si la quantité de matière contenue dans l'Univers est faible, l'expansion telle que nous la connaissons aujourd'hui se poursuivra indéfiniment et l'Univers s'étendra à tout jamais ; ce sera un **Univers ouvert**.

S'il existe, par contre, une grande quantité de matière dans l'Univers, la gravité finira par stopper l'expansion et l'Univers se contractera jusqu'à un Big Crunch. Il s'agirait alors d'un **Univers fermé**.

On peut imaginer que la concentration de matière survenue lors d'un Big Crunch serait le prélude à un nouveau Big Bang. Dans ce cas, on parlera d'un **Univers oscillant** (conséquence de l'Univers fermé) où un Big Bang succède à un Big Crunch, etc.

Le rayonnement de fond cosmologique

Un voyage au début des temps

Plus un astre est éloigné, plus sa lumière prend de temps à nous parvenir. Si nous regardons un objet situé à 2 millions d'années-lumière, telle la galaxie d'Andromède, ce que nous voyons correspond à l'état de cette galaxie il y a 2 millions d'années, puisque la lumière qu'elle a émise a mis ce temps à nous parvenir. Regarder loin dans le cosmos signifie regarder le passé ; plus nous scrutons loin, plus nous voyons un univers jeune.

Aujourd'hui encore, l'Univers contient les traces de la chaleur générée lors du formidable Big Bang. Cette chaleur résiduelle est dite rayonnement de fond cosmologique. Dans quelque direction que l'on observe l'Univers, on mesure cette température uniforme, soit 2,7 degrés au-dessus du zéro absolu (-273 °C).

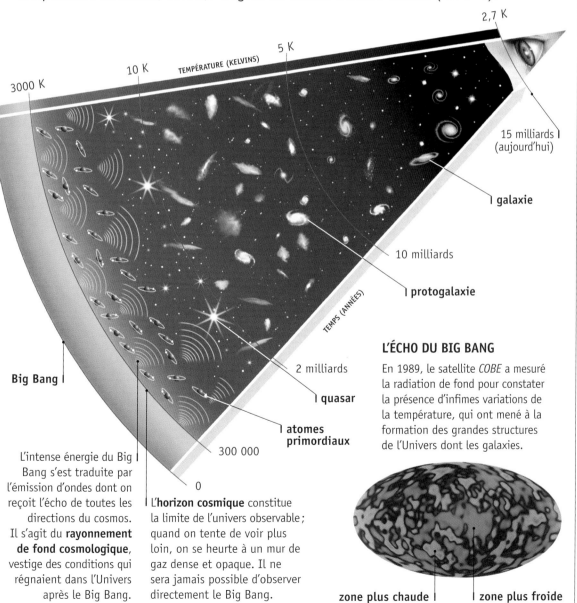

TEMPÉRATURE (KELVINS)

2,7 K

5 K

10 K

3000 K

15 milliards (aujourd'hui)

galaxie

10 milliards

protogalaxie

TEMPS (ANNÉES)

2 milliards

quasar

atomes primordiaux

300 000

Big Bang

0

L'intense énergie du Big Bang s'est traduite par l'émission d'ondes dont on reçoit l'écho de toutes les directions du cosmos. Il s'agit du **rayonnement de fond cosmologique**, vestige des conditions qui régnaient dans l'Univers après le Big Bang.

L'horizon cosmique constitue la limite de l'univers observable ; quand on tente de voir plus loin, on se heurte à un mur de gaz dense et opaque. Il ne sera jamais possible d'observer directement le Big Bang.

L'ÉCHO DU BIG BANG

En 1989, le satellite *COBE* a mesuré la radiation de fond pour constater la présence d'infimes variations de la température, qui ont mené à la formation des grandes structures de l'Univers dont les galaxies.

zone plus chaude | zone plus froide

Sans les télescopes qui suppléent à nos propres yeux, les plus importantes découvertes astronomiques auraient été inconcevables. En permettant de sonder les profondeurs de l'espace, les télescopes géants et les radiotélescopes (qui détectent des formes de lumière invisible) ont bouleversé la vision même que nous avions de l'Univers. Depuis, grâce à eux, des milliers d'étoiles et de galaxies ont été cataloguées, de nouvelles planètes ont été découvertes et une multitude de phénomènes singuliers (comme les quasars et les trous noirs) ont été observés.

Observation astronomique

86 **Le spectre électromagnétique**
Lorsque la lumière est invisible

88 **Les télescopes**
Ces concentrateurs de lumière

90 **Les premiers observatoires astronomiques**
Voir mieux et toujours plus loin

92 **Une nouvelle génération de télescopes**
Des observatoires de plus en plus puissants

94 **Le télescope spatial Hubble**
Par-delà les nuages

96 **Les radiotélescopes**
Une nouvelle fenêtre sur l'Univers

98 **La vie ailleurs dans l'Univers**
Sommes-nous seuls?

100 **La découverte de planètes extrasolaires**
Une petite leçon d'humanité planétaire

Le spectre électromagnétique

Lorsque la lumière est invisible

La connaissance que nous avons de l'Univers ne provient pas seulement de ce que nous pouvons voir avec nos yeux. Les objets célestes émettent de l'énergie qui traverse l'espace et arrive à la Terre sous forme de rayonnements d'intensité variable dont la lumière visible ne constitue qu'une infime partie. Nos yeux et nos télescopes conventionnels sont aveugles à tout le rayonnement hors du visible, qui comprend les ondes radio, les micro-ondes, les ondes infrarouges, les rayons ultraviolets, les rayons X et les rayons gamma, de longueur d'onde et de fréquence différentes.

Les progrès récents de l'astronomie sont dus en grande partie à notre compréhension des formes de rayonnements. Par exemple, l'observation de la Voie lactée nous fournit des informations et des images diverses selon le type d'ondes reçues et analysées.

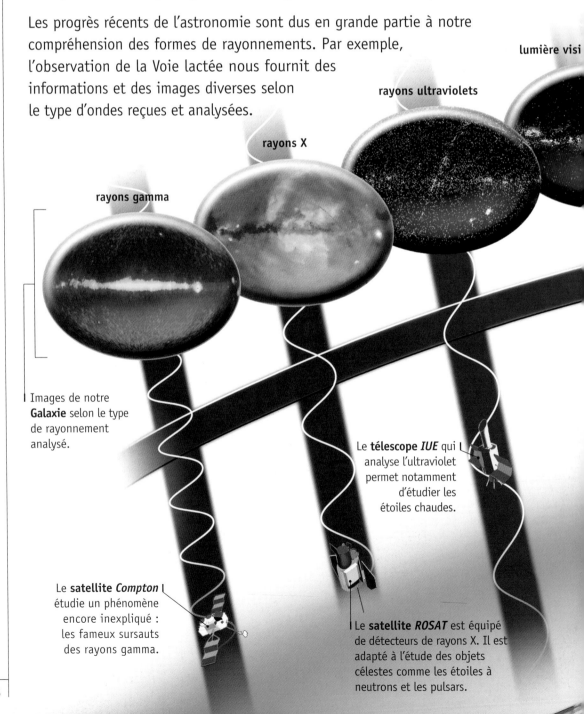

lumière visi

rayons ultraviolets

rayons X

rayons gamma

Images de notre **Galaxie** selon le type de rayonnement analysé.

Le **télescope** *IUE* qui analyse l'ultraviolet permet notamment d'étudier les étoiles chaudes.

Le **satellite** *Compton* étudie un phénomène encore inexpliqué : les fameux sursauts des rayons gamma.

Le **satellite** *ROSAT* est équipé de détecteurs de rayons X. Il est adapté à l'étude des objets célestes comme les étoiles à neutrons et les pulsars.

DES OBSERVATOIRES POUR CHAQUE TYPE DE RAYONS

L'atmosphère terrestre filtre les rayons provenant de l'espace, parmi lesquels certains, très énergétiques, se révèlent nocifs pour toute forme de vie. La lumière visible ❶ et les ondes radio ❷ sont les seules qui atteignent la surface de notre planète (avec une partie des ultraviolets et de l'infrarouge). Il faut donc avoir recours à divers observatoires placés en orbite pour étudier les autres types de rayonnements.

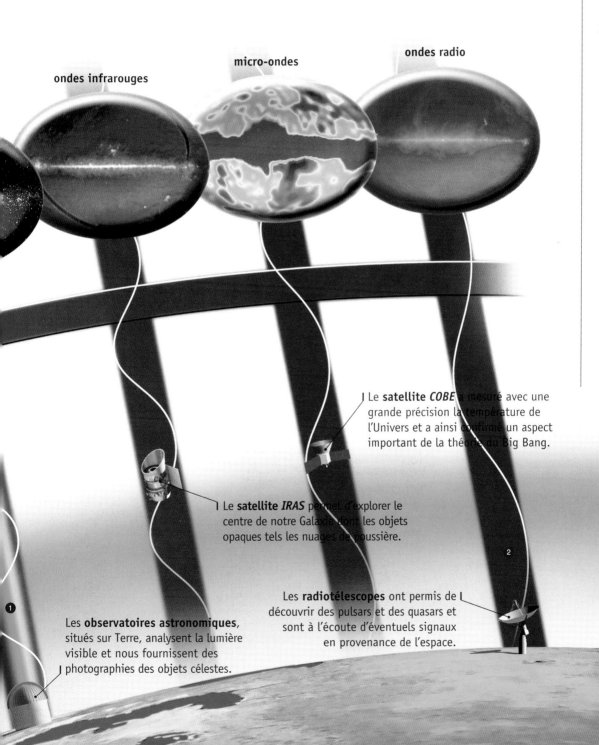

ondes infrarouges

micro-ondes

ondes radio

Le **satellite** *COBE* a mesuré avec une grande précision la température de l'Univers et a ainsi confirmé un aspect important de la théorie du Big Bang.

Le **satellite** *IRAS* permet d'explorer le centre de notre Galaxie dont les objets opaques tels les nuages de poussière.

Les **radiotélescopes** ont permis de découvrir des pulsars et des quasars et sont à l'écoute d'éventuels signaux en provenance de l'espace.

Les **observatoires astronomiques**, situés sur Terre, analysent la lumière visible et nous fournissent des photographies des objets célestes.

Les télescopes

Ces concentrateurs de lumière

L'invention du télescope a véritablement révolutionné notre vision de l'Univers. Durant des millénaires, nos ancêtres scrutaient le ciel à l'œil nu avec des résultats moins probants. Entre 1609 et 1612, au moyen de petites lunettes astronomiques, Galilée découvre que la surface de la Lune est criblée de cratères et de montagnes, qu'il y a des taches à la surface du Soleil et que la Voie lactée se compose d'une multitude d'étoiles...

Aujourd'hui encore, les spécialistes observent le ciel grâce au télescope, ce tube qui recueille la lumière venant d'un objet céleste et la concentre au moyen de miroirs en un point donné.

TYPES DE TÉLESCOPES

Dans un grand télescope à **plan focal primaire**, l'observateur peut regarder directement les objets au foyer primaire, dans une cage d'observation ❶ installée dans le tube.

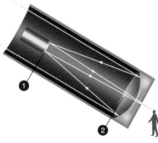

Le type **Cassegrain** ou **Schmidt-Cassegrain** utilise un miroir secondaire ❶ qui renvoie la lumière vers l'arrière, à travers un orifice au centre du miroir primaire ❷.

Le type **Newton** dévie la lumière grâce à un miroir secondaire plan ❶ incliné à 45°, vers un oculaire ❷ placé sur le côté de l'appareil.

Le **chercheur** sert au repérage des objets à observer.

tube

L'**oculaire** est une loupe que l'on utilise pour regarder l'image formée au foyer.

Un large télescope capte plus de lumière et renvoie une image plus nette qu'un petit télescope. On peut ainsi observer des objets célestes de faible luminosité.

LA RÉFLEXION

Dans un **télescope**, la lumière ❶ est recueillie par l'objectif qui est un miroir primaire concave ❷, situé au fond du tube. Elle est ensuite concentrée en un point focal ❸ devant le miroir (le foyer primaire). La lumière est interceptée et à nouveau réfléchie, au moyen d'un petit miroir plan ❹, vers l'oculaire ❺ placé sur le côté du tube.

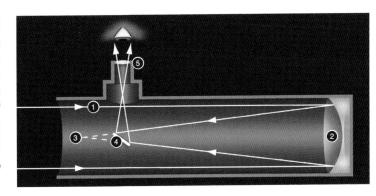

LA RÉFRACTION

Dans la **lunette astronomique**, la lumière ❶ traverse d'abord une première lentille, l'objectif ❷, qui la fait converger à son foyer ❸. L'image ainsi formée est reprise par un petit miroir à 45° ❹ qui dévie la lumière vers un oculaire ❺ placé en coudé.

Le **réglage de déclinaison** permet de positionner verticalement le télescope, relativement à l'équateur.

Le **réglage d'ascension droite** permet de positionner le télescope parallèlement à l'équateur.

Contrairement au télescope, la **lunette astronomique** utilise le phénomène de la réfraction en concentrant la lumière céleste au moyen de lentilles plutôt qu'avec des miroirs. Plus coûteuse et souvent plus précise, elle est toujours utilisée aujourd'hui par les amateurs.

Les premiers observatoires astronomiques

Voir mieux et toujours plus loin

En 1917, le plus grand bâtisseur de télescopes de tous les temps, George Hale, construit un télescope doté d'un miroir de 2,50 m de diamètre au sommet du mont Wilson, en Californie. C'est à partir de cet observatoire qu'Edwin Hubble réalisera la plupart de ses découvertes sur l'immensité de l'Univers. L'observatoire du mont Palomar, qui a pris la relève en 1948, a conduit à certaines des plus grandes découvertes astronomiques de ce siècle.

Situés au sommet des montagnes et abrités sous d'énormes dômes ouvrables pivotant sur eux-mêmes, ces télescopes géants ont permis aux astronomes de scruter l'Univers avec une acuité jusqu'alors inconnue.

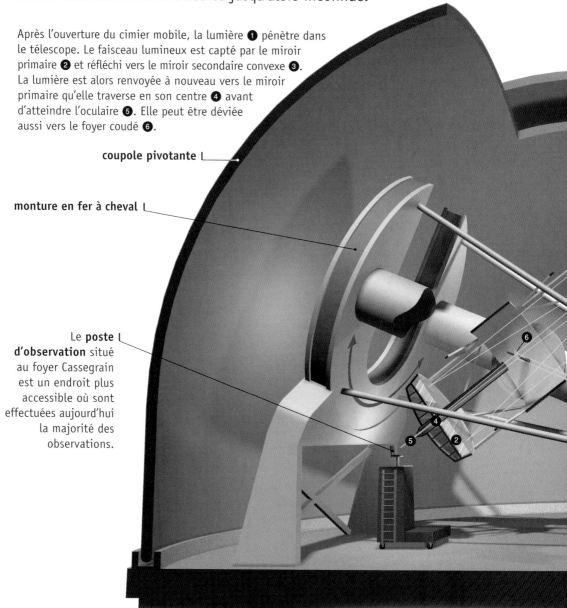

Après l'ouverture du cimier mobile, la lumière ❶ pénètre dans le télescope. Le faisceau lumineux est capté par le miroir primaire ❷ et réfléchi vers le miroir secondaire convexe ❸. La lumière est alors renvoyée à nouveau vers le miroir primaire qu'elle traverse en son centre ❹ avant d'atteindre l'oculaire ❺. Elle peut être déviée aussi vers le foyer coudé ❻.

coupole pivotante

monture en fer à cheval

Le **poste d'observation** situé au foyer Cassegrain est un endroit plus accessible où sont effectuées aujourd'hui la majorité des observations.

UNE INNOVATION REMARQUABLE

Grâce aux **détecteurs CCD**, des puces électroniques beaucoup plus sensibles à la lumière qu'une plaque photographique, les télescopes captent désormais des images d'objets très lointains, en peu de temps d'exposition. Le développement de la caméra CCD a fait faire un autre bond prodigieux à l'observation astronomique.

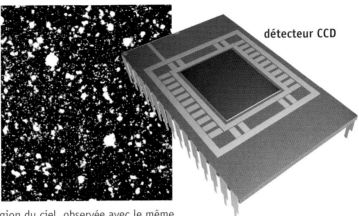

détecteur CCD

Ces deux images montrent la même région du ciel, observée avec le même télescope. La photographie réalisée avec un détecteur CCD (à droite) révèle un nombre infiniment plus grand d'étoiles que l'image obtenue avec une plaque photographique conventionnelle (à gauche).

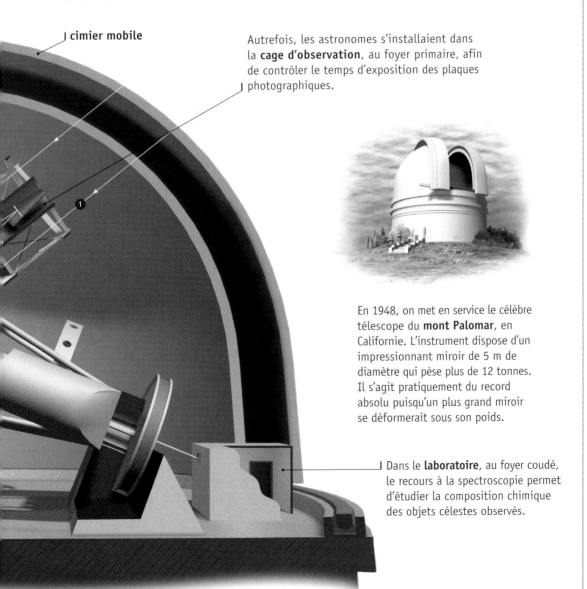

cimier mobile

Autrefois, les astronomes s'installaient dans la **cage d'observation**, au foyer primaire, afin de contrôler le temps d'exposition des plaques photographiques.

En 1948, on met en service le célèbre télescope du **mont Palomar**, en Californie. L'instrument dispose d'un impressionnant miroir de 5 m de diamètre qui pèse plus de 12 tonnes. Il s'agit pratiquement du record absolu puisqu'un plus grand miroir se déformerait sous son poids.

Dans le **laboratoire**, au foyer coudé, le recours à la spectroscopie permet d'étudier la composition chimique des objets célestes observés.

Une nouvelle génération de télescopes

Des observatoires de plus en plus puissants

De tout nouveaux télescopes apparaissent à partir des années 1970. Munis de plusieurs miroirs coordonnés avec grande précision, ils reproduisent les capacités d'un immense miroir. Afin d'éviter les problèmes de pollution lumineuse des grandes villes, on installe ces grands observatoires sur les cimes des montagnes situées dans les déserts ou sur des îles en plein océan. Le premier de ces télescopes à miroir multiple est inauguré en 1979 au sommet du mont Hopkins, en Arizona.

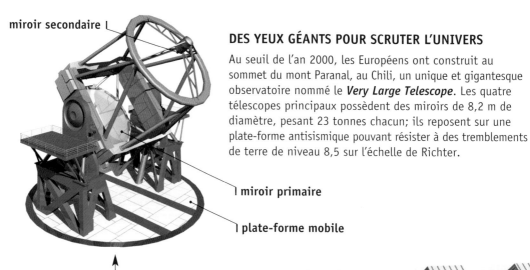

miroir secondaire

DES YEUX GÉANTS POUR SCRUTER L'UNIVERS

Au seuil de l'an 2000, les Européens ont construit au sommet du mont Paranal, au Chili, un unique et gigantesque observatoire nommé le **Very Large Telescope**. Les quatre télescopes principaux possèdent des miroirs de 8,2 m de diamètre, pesant 23 tonnes chacun; ils reposent sur une plate-forme antisismique pouvant résister à des tremblements de terre de niveau 8,5 sur l'échelle de Richter.

miroir primaire

plate-forme mobile

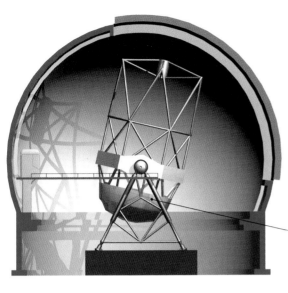

UN GÉANT AU SOMMET D'UNE MONTAGNE

Le télescope géant **Keck**, situé à Hawaii, dispose de 36 miroirs hexagonaux de 90 cm de côté et qui reproduisent ainsi un réflecteur unique de 10 m. Le télescope a un pouvoir de résolution quatre fois supérieur à celui du mont Palomar.

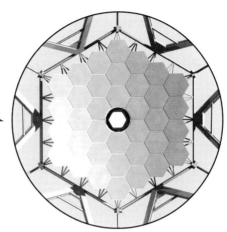

Les faisceaux lumineux captés par chacun des télescopes sont acheminés par un **tunnel souterrain**.

Trois **télescopes auxiliaires** de 1,8 m de diamètre peuvent être placés sur différentes positions afin d'augmenter la précision des observations.

MULTIPLIER LA PUISSANCE DES TÉLESCOPES

On recourt à l'interférométrie, technique qui a pour but d'augmenter le pouvoir de résolution des images. Les faisceaux lumineux réfléchis par chaque télescope ❶ sont orientés grâce à des miroirs montés sur des chariots mobiles ❷ qui se déplacent sur des rails ❸ à l'intérieur d'un tunnel souterrain. Les faisceaux lumineux sont combinés ❹ pour obtenir en laboratoire ❺ la précision d'un miroir de 120 m de diamètre.

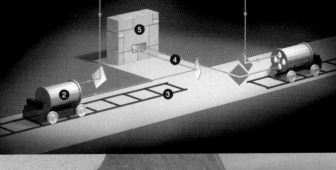

Le télescope spatial Hubble

Par-delà les nuages

Le télescope spatial *Hubble* figure parmi les plus importants instruments astronomiques de tous les temps. Le grand avantage de ce télescope est de se trouver au-dessus de l'atmosphère terrestre qui filtre et déforme la lumière provenant des objets célestes. Placé en orbite en avril 1990, à 600 km d'altitude, l'appareil transmet des photos d'une netteté incomparable et permet de voir plus loin que tout autre instrument astronomique.

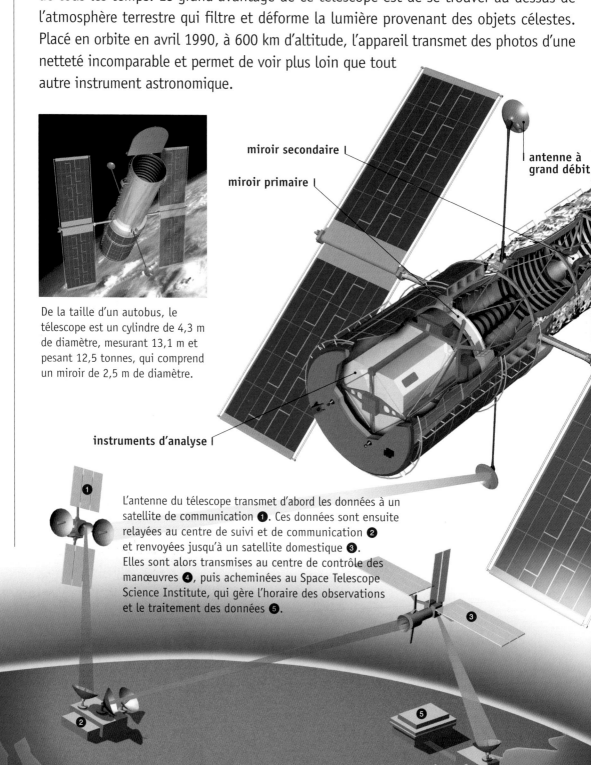

De la taille d'un autobus, le télescope est un cylindre de 4,3 m de diamètre, mesurant 13,1 m et pesant 12,5 tonnes, qui comprend un miroir de 2,5 m de diamètre.

miroir secondaire

miroir primaire

antenne à grand débit

instruments d'analyse

L'antenne du télescope transmet d'abord les données à un satellite de communication ❶. Ces données sont ensuite relayées au centre de suivi et de communication ❷ et renvoyées jusqu'à un satellite domestique ❸. Elles sont alors transmises au centre de contrôle des manœuvres ❹, puis acheminées au Space Telescope Science Institute, qui gère l'horaire des observations et le traitement des données ❺.

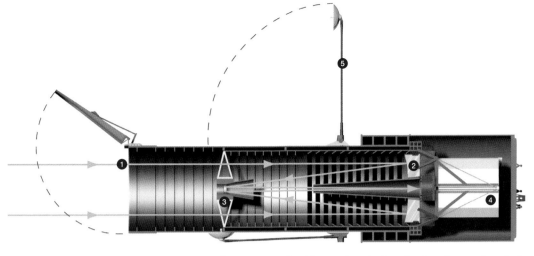

Les rayons lumineux traversent le cylindre ❶ et sont réfléchis par le miroir primaire ❷ vers le miroir secondaire ❸. Celui-ci renvoie la lumière vers les instruments d'analyse ❹ (qui comprennent notamment deux caméras). Les données sont ensuite retransmises à l'aide d'une antenne ❺.

REDÉCOUVRIR L'UNIVERS

Depuis son lancement, le télescope spatial nous a fourni plus de 270 000 clichés de 13 600 objets célestes. Les images recueillies ont déjà eu un impact profond sur notre conception de l'Univers ; en regardant au loin, le télescope nous montre combien le jeune Univers était différent de celui d'aujourd'hui. Sa mission ultime, qui est de déterminer l'envergure, la taille et l'âge de l'Univers, pourrait nous réserver bien des surprises avant sa mise au rancart vers 2010.

⌐ volet mobile

⌐ Les panneaux solaires alimentent le télescope en électricité.

Le télescope *Hubble* nous a montré quantité de phénomènes inédits dont la formation massive d'étoiles, après une importante onde de choc survenue au cœur de la **galaxie de la Roue de la charrette** (située à 500 millions d'années-lumière).

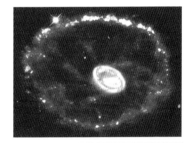

Parmi les plus spectaculaires vues de l'Univers, *Hubble* nous a livré celle de la **nébuleuse de l'Aigle**. Au sommet d'immenses colonnes de poussière, longues de plusieurs années-lumière, des étoiles sont en train de naître.

Extrêmement puissant, *Hubble* a photographié une infime **parcelle de l'Univers** (de la taille d'une pièce de monnaie tenue à 25 m de distance) dans laquelle on dénombre plus de 1 500 galaxies de toutes formes et de tous âges.

La célèbre **Êta Carinae**, une des plus massives et des plus instables étoiles connues, est recouverte d'une enveloppe incandescente créée par l'éjection constante de matière, comme en témoigne cette photo prise par *Hubble*.

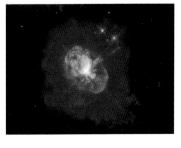

Les radiotélescopes

Une nouvelle fenêtre sur l'Univers

L'Univers foisonne d'objets qu'il est impossible d'observer avec un télescope même très puissant. En effet, il n'y a pas que la lumière visible qui nous parvient du ciel. Les corps célestes émettent également de la lumière radio. Parfois ils émettent même davantage d'ondes radio que d'ondes lumineuses. Le radiotélescope fonctionne selon le principe du télescope optique, mais est conçu spécifiquement pour capter et concentrer les ondes invisibles que sont les ondes radio. L'appareil peut être utilisé de jour comme de nuit, peu importe la nébulosité.

« VOIR » L'INVISIBLE

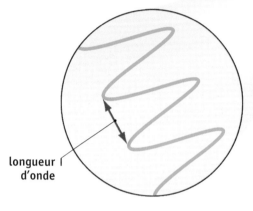

longueur
d'onde

Les radiotélescopes captent des **ondes radio** dont la longueur varie de quelques millimètres à 20 m.

Une photographie en **lumière visible** laisse croire que l'imposante galaxie **M81 ❶**, la galaxie **M82 ❷** et la petite galaxie irrégulière **NGC 3077 ❸** sont trois objets célestes indépendants.

LE PLUS GRAND RADIOTÉLESCOPE DU MONDE

Certains radiotélescopes fixes sont construits dans des vallées en forme de parabole géante. Le plus grand du genre est le célèbre **radiotélescope d'Arecibo**, à Porto Rico, qui mesure 305 m de diamètre.

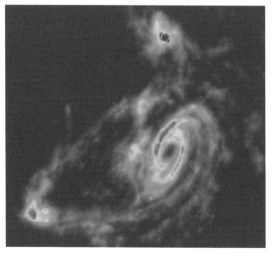

Une photographie en **lumière radio** montre qu'un immense nuage d'hydrogène relie en fait les trois galaxies.

L'OBSERVATOIRE D'EFFELSBERG

Comme les ondes radio sont beaucoup plus longues que les lumineuses, le réflecteur radio est généralement de très grande dimension. Un des plus gros **réflecteurs paraboliques orientables** (le type de radiotélescope le plus répandu) est situé à Effelsberg, en Allemagne ; il fait 100 m de diamètre, soit la longueur d'un terrain de football.

Les radiotélescopes sont de grandes antennes de forme parabolique qui recueillent les ondes radio ❶ à l'aide d'un réflecteur primaire ❷ qui les concentre vers un foyer primaire ❸ situé au sommet de l'antenne. Les ondes radio sont ensuite amplifiées par des récepteurs ❹ puis focalisées vers un foyer secondaire ❺ où elles sont amplifiées à nouveau ❻, avant d'être ultérieurement enregistrées et analysées dans un laboratoire ❼.

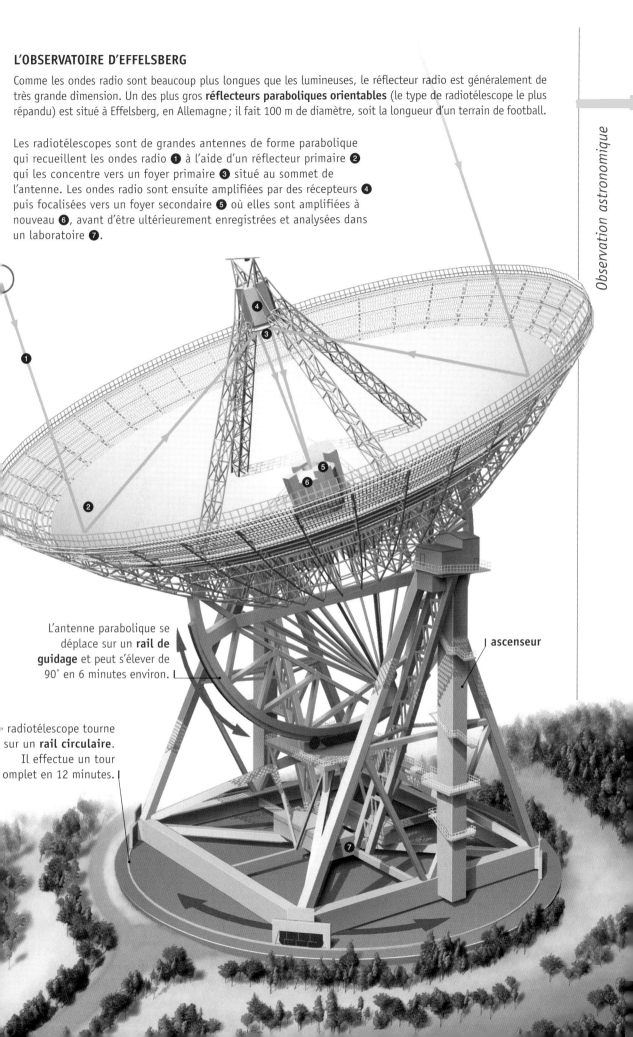

L'antenne parabolique se déplace sur un **rail de guidage** et peut s'élever de 90° en 6 minutes environ.

ascenseur

radiotélescope tourne sur un **rail circulaire**. Il effectue un tour omplet en 12 minutes.

La vie ailleurs dans l'Univers

Sommes-nous seuls ?

L'homme se demande s'il est seul dans l'Univers depuis fort longtemps. Mais, depuis la seconde moitié du XXe siècle, ce questionnement est devenu l'objet d'une science – l'exobiologie –, qui tente de déterminer les conditions nécessaires à la vie et les lieux où elle pourrait se développer, tout en mettant en œuvre les moyens techniques qui nous permettraient de la repérer.

L'ÉQUATION DE DRAKE

Un radioastronome américain, Frank Drake, a imaginé en 1961 une équation qui permet théoriquement d'estimer la probabilité de l'existence de vie intelligente dans notre Galaxie. La formule qu'il a conçue sert de base à toute discussion sur le sujet et vise à calculer le nombre de civilisations communicantes – c'est-à-dire celles qui résideraient dans la Voie lactée et dont on pourrait raisonnablement espérer recevoir un signal. Soit : $N = (R^*) \times (F_p) \times (N_e) \times (F_l) \times (F_i) \times (F_t) \times (L)$.

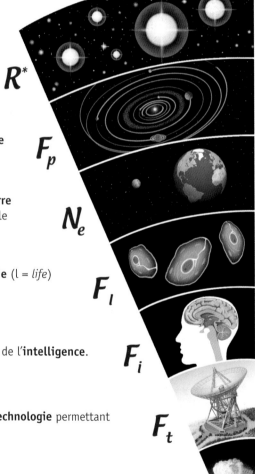

R^* est le taux de formation d'**étoiles** (R = *rate*) autour desquelles pourrait se développer une civilisation. Ce nombre est une fraction de toutes les étoiles de la Galaxie et exclut notamment les grosses étoiles dont la durée de vie est trop courte pour permettre l'évolution d'une civilisation émettrice.

F_p est la fraction de ces étoiles qui possèdent un **système planétaire.**

N_e correspond au nombre de planètes semblables à la **Terre** (e = *Earth*), qui seraient situées dans une zone habitable rassemblant les conditions favorables à la vie.

F_l équivaut au nombre de ces planètes sur lesquelles la **vie** (l = *life*) a pu effectivement se développer.

F_i est la fraction des planètes où la vie a atteint le stade de l'**intelligence**.

F_t est la fraction des civilisations qui ont développé une **technologie** permettant d'envoyer des signaux dans l'espace.

Finalement, L correspond à la **durée de vie** (l = *lifetime*) des civilisations capables d'émettre dans l'espace un signal radio décelable.

Le nombre N correspond au nombre de **civilisations communicantes** de la Voie lactée pouvant émettre des signaux radio que nous pourrions détecter. Il varie grandement selon la valeur retenue pour chacun des paramètres précédents. Ainsi le nombre estimé peut s'étendre de un (notre civilisation) à des millions, voire des milliards...

CONDITIONS NÉCESSAIRES À LA VIE

Pour que la vie puisse naître et se développer, il lui faut bénéficier de conditions semblables à celles que nous connaissons sur Terre. Des matériaux de base comme le carbone et l'eau liquide doivent se trouver à la surface d'une planète qui possède une atmosphère et offre un environnement assez stable durant des centaines de millions d'années. Une telle planète doit également se trouver ni trop près ni trop loin d'une étoile se consumant suffisamment lentement pour donner le temps à la vie de s'organiser.

L'**écosphère** est la région entourant une étoile où les conditions sont favorables au développement de la vie. Comme la luminosité d'une étoile varie durant sa vie, l'écosphère se déplace vers l'extérieur, suivant l'accroissement de la luminosité.

écosphère au début de la vie de l'étoile

écosphère à la fin de la vie de l'étoile

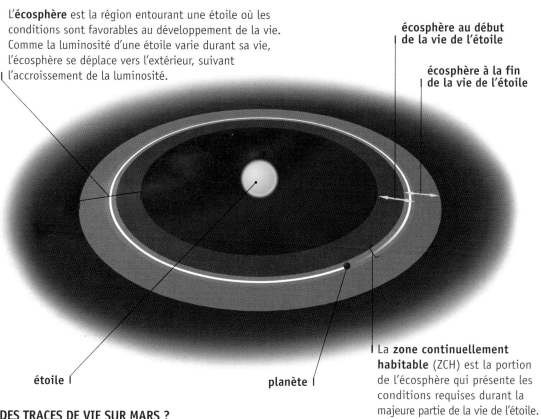

étoile

planète

La **zone continuellement habitable** (ZCH) est la portion de l'écosphère qui présente les conditions requises durant la majeure partie de la vie de l'étoile.

DES TRACES DE VIE SUR MARS ?

En 1996, on a découvert la présence de traces potentielles de microfossiles dans une météorite venue de Mars. Il s'agit de structures longiformes d'à peine quelques micromètres qui ressemblent à des bactéries terrestres.

Découverte en Antarctique où elle serait tombée il y a 13 000 ans, la météorite s'est cristallisée sur Mars 4,5 milliards d'années plus tôt, au moment de la formation de la planète. Les fameux microfossiles découverts s'y seraient logés à l'époque où Mars était une planète chaude et humide.

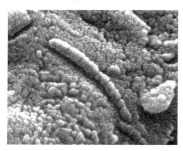

Sur Mars, les **rivières asséchées** sont des vestiges du temps où la planète avait un climat plus tempéré et aurait pu accueillir la vie.

MESSAGE À L'INTENTION DES EXTRATERRESTRES

En 1974, le radiotélescope d'Arecibo a envoyé un message codé en langage binaire en direction d'un amas globulaire, situé dans la constellation d'Hercule. Le message parviendra à cet amas, qui compte des centaines de milliers d'étoiles, dans 25 000 ans.

La découverte de planètes extrasolaires

Une petite leçon d'humilité planétaire

Longtemps on a pensé qu'il n'existait pas de planètes à l'extérieur de notre Système solaire. Mais depuis une cinquantaine d'années, les astronomes scrutent les parages des étoiles voisines à la recherche de planètes extrasolaires, dites exoplanètes. Les premières indications de l'existence d'exoplanètes remontent à 1984 lorsque le satellite *IRAS* a observé plusieurs anneaux de poussière autour d'une vingtaine d'étoiles. De telles structures, qui ressemblent sans doute à notre Système solaire naissant, indiquent que la formation de planètes est un phénomène beaucoup plus fréquent qu'on ne le croyait.

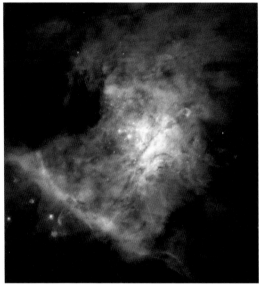

La **nébuleuse d'Orion** contient plusieurs jeunes étoiles autour desquelles de nouvelles planètes pourraient se former.

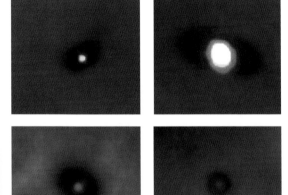

Le télescope spatial *Hubble* a observé dans la nébuleuse d'Orion la présence de disques de gaz et de poussières autour de plus de 150 étoiles. Il s'agit de **disques protoplanétaires** qui sont probablement des systèmes planétaires en formation.

UNE PLANÈTE EN DEVENIR?

On a repéré, à 450 années-lumière de la Terre, ce qui pourrait être une **protoplanète** et son étoile, dans la constellation du Taureau. TMR-1C aurait de 2 à 3 fois la masse de Jupiter, la plus grosse planète de notre Système solaire.

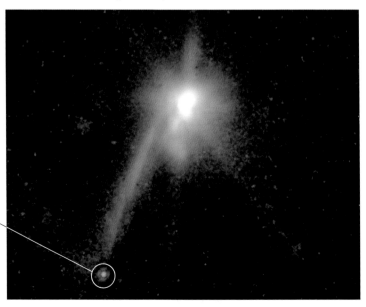

DE NOUVELLES PLANÈTES

Depuis 1995, l'observation de centaines d'étoiles a permis de localiser les premières planètes autour d'étoiles comparables à la nôtre. La plupart sont situées plus près de leur étoile que la Terre ne l'est du Soleil et elles ont une masse équivalente ou supérieure à celle de Jupiter (M Jup). Leur révolution autour de l'étoile varie de quelques jours à quelques années.

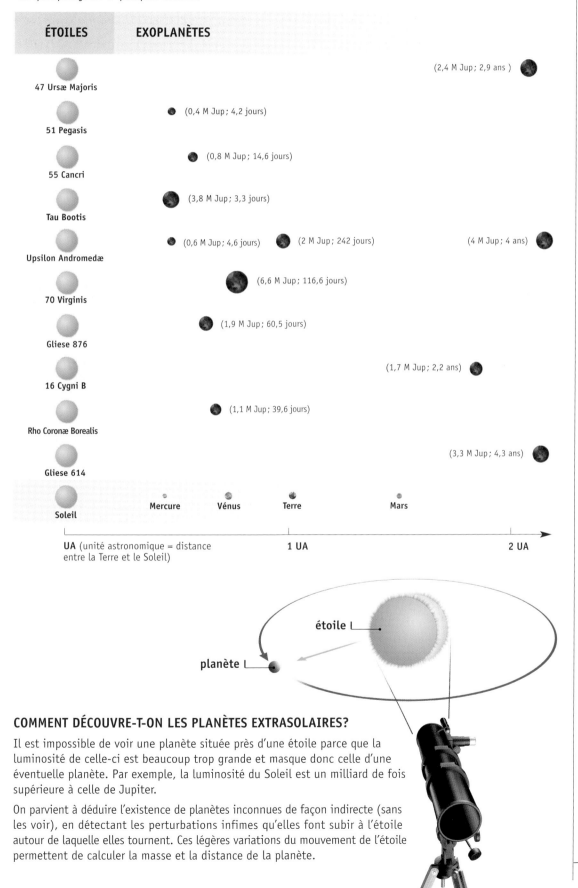

ÉTOILES	EXOPLANÈTES		
47 Ursæ Majoris			(2,4 M Jup ; 2,9 ans)
51 Pegasis	(0,4 M Jup ; 4,2 jours)		
55 Cancri	(0,8 M Jup ; 14,6 jours)		
Tau Bootis	(3,8 M Jup ; 3,3 jours)		
Upsilon Andromedæ	(0,6 M Jup ; 4,6 jours)	(2 M Jup ; 242 jours)	(4 M Jup ; 4 ans)
70 Virginis		(6,6 M Jup ; 116,6 jours)	
Gliese 876	(1,9 M Jup ; 60,5 jours)		
16 Cygni B			(1,7 M Jup ; 2,2 ans)
Rho Coronæ Borealis	(1,1 M Jup ; 39,6 jours)		
Gliese 614			(3,3 M Jup ; 4,3 ans)
Soleil	Mercure Vénus	Terre	Mars

UA (unité astronomique = distance entre la Terre et le Soleil) 1 UA 2 UA

étoile

planète

COMMENT DÉCOUVRE-T-ON LES PLANÈTES EXTRASOLAIRES?

Il est impossible de voir une planète située près d'une étoile parce que la luminosité de celle-ci est beaucoup trop grande et masque donc celle d'une éventuelle planète. Par exemple, la luminosité du Soleil est un milliard de fois supérieure à celle de Jupiter.

On parvient à déduire l'existence de planètes inconnues de façon indirecte (sans les voir), en détectant les perturbations infimes qu'elles font subir à l'étoile autour de laquelle elles tournent. Ces légères variations du mouvement de l'étoile permettent de calculer la masse et la distance de la planète.

Les sondes spatiales sont un autre merveilleux moyen d'approfondir la connaissance du cosmos. En survolant des milieux hostiles dont elles nous font parvenir des clichés, en se posant **là où l'homme ne peut aller** afin de ramener sur Terre des échantillons aux fins d'analyse, ces fabuleux engins nous en apprennent encore sur les planètes, les comètes, les astéroïdes et bien d'autres objets célestes. Surtout, ils nous font prendre la mesure, si cela est possible, de l'espace incommensurable de l'Univers.

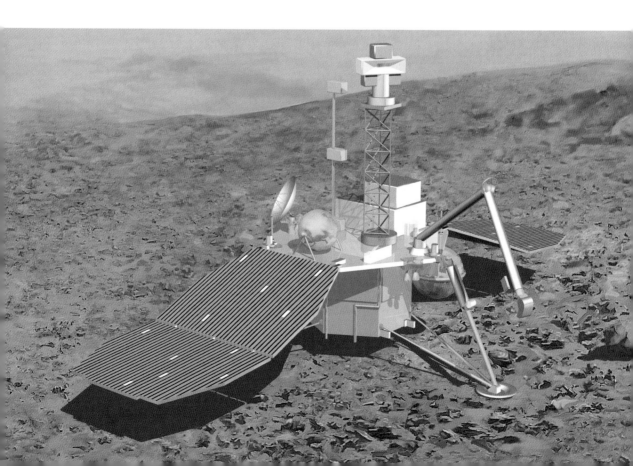

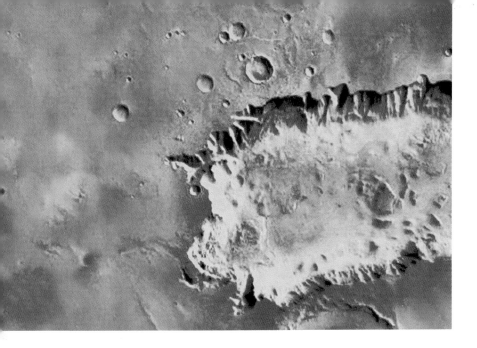

Exploration spatiale

104 **Les sondes spatiales**
Les grands explorateurs des temps modernes

106 **Pioneer 10 et 11**
Les premiers grands voyageurs

107 **Viking**
La découverte des intrigants déserts martiens

108 **Voyager**
La grande tournée du Système solaire

109 **Magellan**
Dévoiler enfin le vrai visage de Vénus

110 **Galileo**
La découverte des satellites de Jupiter

111 **Cassini et Huygens**
Dans les mystères de Saturne et de Titan

112 **Ulysses**
Le Soleil vu par les pôles

113 **Pathfinder**
Lorsqu'un petit robot se promène sur Mars

114 **Mars Global Surveyor**
De retour en orbite martienne

115 **Clementine et Lunar Prospector**
En attendant de retourner sur la Lune

116 **L'exploration des petites planètes**
Découvrir les comètes et les astéroïdes

117 **Objectif Mars**
À quand l'arrivée de l'homme?

118 **La navette spatiale**
Un transporteur dans l'espace

Les sondes spatiales

Les grands explorateurs des temps modernes

Ils ont pour noms *Pioneer*, *Voyager*, *Galileo*, *Magellan*, *Ulysses*... Ce sont les explorateurs de notre époque, successeurs des Marco Polo, Christophe Colomb et Fernand de Magellan qui, jusqu'à la Renaissance, ont sillonné le globe terrestre. Nos explorateurs modernes sont des robots qui se substituent à nos yeux et à nos sens et qui, en l'espace d'une génération à peine, ont transformé notre vision du Système solaire.

L'EXPLORATION PLANÉTAIRE EN TROIS ÉTAPES

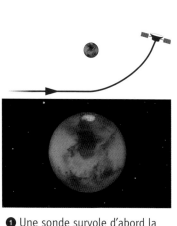 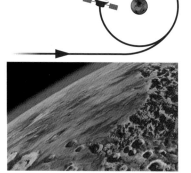 

❶ Une sonde survole d'abord la planète et nous donne un coup d'œil aussi bref que spectaculaire.

❷ Une autre sonde se place ensuite en orbite autour de la planète et l'ausculte durant des mois ou des années, ce qui nous procure une bonne vue d'ensemble.

❸ Finalement, un robot se pose sur le sol et nous fournit un point de vue local très détaillé. C'est ainsi qu'on a procédé jusqu'à présent pour la Lune, Mars et Vénus.

L'ÉVOLUTION DE L'EXPLORATION SPATIALE

Un progrès technique majeur a permis une avancée notable dans le domaine de l'exploration planétaire : le recours aux générateurs thermonucléaires qui produisent l'électricité dont se nourrit la sonde grâce à des réactions nucléaires.

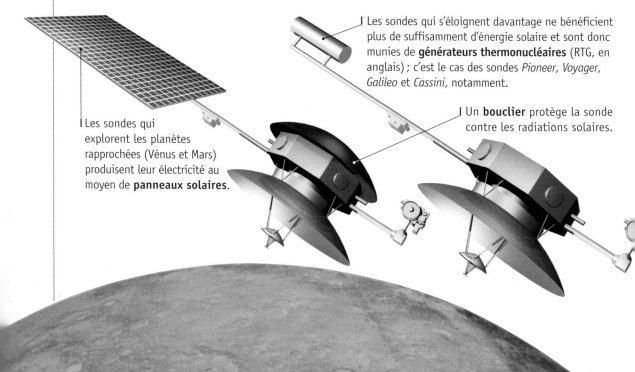

⌐ Les sondes qui s'éloignent davantage ne bénéficient plus de suffisamment d'énergie solaire et sont donc munies de **générateurs thermonucléaires** (RTG, en anglais) ; c'est le cas des sondes *Pioneer*, *Voyager*, *Galileo* et *Cassini*, notamment.

⌐ Un **bouclier** protège la sonde contre les radiations solaires.

⌐ Les sondes qui explorent les planètes rapprochées (Vénus et Mars) produisent leur électricité au moyen de **panneaux solaires**.

UNE SONDE SPATIALE TYPIQUE

Les sondes spatiales comptent parmi les réalisations techniques les plus ingénieuses qui soient. Non seulement doivent-elles couvrir des centaines de millions de kilomètres et affronter l'hostilité de l'espace interplanétaire, elles doivent également assurer par elles-mêmes toutes les manœuvres de la mission – dont l'atterrissage – sans assistance terrestre, grâce à l'ordinateur de bord. Une sonde typique comporte habituellement deux modules : un orbiteur et un atterrisseur.

L'ORBITEUR

Après avoir survolé une planète, la sonde se place en orbite autour de celle-ci et l'ausculte durant des mois.

antenne de transmission

Une **boussole** utilise une étoile repère (Canopus) pour permettre à la sonde de s'orienter.

La **caméra** capte des milliers d'images de la planète et nous procure une vue globale de l'astre.

L'**appareil de cartographie thermique** permet d'observer la surface de la planète ainsi que la composition de son atmosphère à l'aide de rayons infrarouges.

L'ATTERRISSEUR

Conçu pour se poser sur la surface d'une planète et l'étudier, l'atterrisseur (en anglais, *lander*) réunit, en une structure miniaturisée, des générateurs d'énergie, des laboratoires d'analyse chimique, des caméras de télévision, une station météorologique et un centre informatique, qui, sur Terre, occuperaient plusieurs étages d'un édifice.

L'**antenne** directionnelle est pointée en permanence vers la Terre pour y transmettre les données scientifiques et les photographies.

Des **capteurs météorologiques** mesurent la température, la pression atmosphérique ainsi que la vitesse et la direction des vents.

Le **laboratoire automatisé** procède à l'analyse des échantillons recueillis en vue d'en identifier la composition et d'y déceler toute trace de vie.

Les **caméras** prennent des images de la surface de la planète.

Une **pelle** fixée sur une perche articulée récolte des échantillons du sol qu'elle dépose dans le laboratoire automatisé.

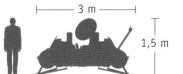

├─── 3 m ───┤

1,5 m

Pioneer 10 et 11

Les premiers grands voyageurs

Pioneer 10 et *Pioneer 11* furent les premières sondes à s'aventurer au-delà de l'orbite de Mars. Ces petits robots (260 kilos) ont été lancés en mars 1972 et en avril 1973.

Pioneer 10 a été la première sonde à pénétrer dans la ceinture d'astéroïdes, qu'elle traverse sans encombre. En décembre 1973, elle passe à 130 000 kilomètres de Jupiter et nous transmet alors les premières images rapprochées de la planète géante; elle observe son intense champ magnétique et découvre que la planète est avant tout un astre dépourvu de surface solide.

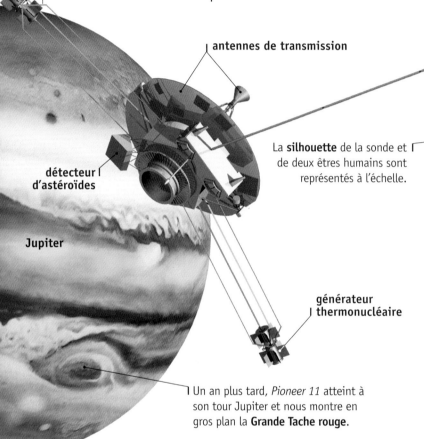

antennes de transmission

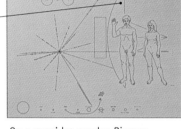

Un **magnétomètre** mesure l'intensité du champ magnétique des planètes.

La **silhouette** de la sonde et de deux êtres humains sont représentés à l'échelle.

détecteur d'astéroïdes

Jupiter

générateur thermonucléaire

Un an plus tard, *Pioneer 11* atteint à son tour Jupiter et nous montre en gros plan la **Grande Tache rouge**.

On a muni les sondes *Pioneer* d'une **plaque** d'aluminium doré comportant un message conçu par l'astronome américain Carl Sagan. Des informations sur l'origine, la date du lancement et l'existence de notre civilisation y sont gravées, à l'intention de destinataires éventuels qui intercepteraient la sonde hors du Système solaire, dans des milliers d'années.

QUITTER LE SYSTÈME SOLAIRE

Après le survol de Jupiter, les *Pioneer* poursuivent leur course respective en explorant les confins du Système solaire. *Pioneer 10* complète sa mission scientifique en mars 1997. Elle chemine en direction de l'étoile Aldebaran (à 68 années-lumière) qu'elle pourrait atteindre dans deux millions d'années. *Pioneer 11* cesse d'émettre en novembre 1995 mais elle se dirige vers la constellation de l'Aigle où elle pourrait passer près d'une étoile dans quatre millions d'années.

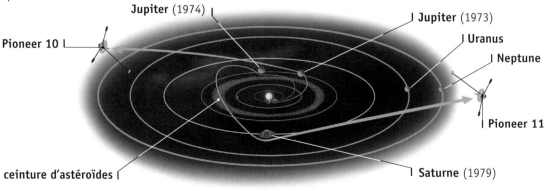

Jupiter (1974)

Jupiter (1973)

Uranus

Neptune

Pioneer 10

Pioneer 11

ceinture d'astéroïdes

Saturne (1979)

Viking

La découverte des intrigants déserts martiens

Après la Lune, Mars a été la destination privilégiée des sondes spatiales ; en trente ans, trois douzaines de sondes ont été lancées à destination de la planète rouge. En 1965, *Mariner 4* révèle que Mars ressemble à un désert infertile. Puis, en novembre 1971, *Mariner 9*, la première sonde à se placer en orbite, découvre des terrains sculptés par l'eau et de nombreux paysages fantastiques dont le gigantesque volcan du mont Olympus et l'extraordinaire vallée Marineris.

En 1975, la NASA lance les sondes *Viking 1* et *Viking 2*, chacune constituée d'un orbiteur, qui observera la planète en orbite, et d'un atterrisseur, qui se posera sur le sol. Les atterrisseurs ne sont toutefois pas en mesure de se déplacer, ce qu'accomplira *Sojourner* 20 ans plus tard.

DESCENTE SUR LE SOL MARTIEN

Le module de l'atterrisseur se détache de la sonde et commence à descendre ❶. À 250 km d'altitude, il entre dans la mince atmosphère martienne ; le bouclier thermique protège le module ❷. À 6 km d'altitude, le parachute s'ouvre et ralentit la descente ❸. Les rétrofusées sont allumées ❹. Le module se pose sur le sol ❺.

Durant quatre années, les **orbiteurs** *Viking* auscultent l'intrigante planète rouge et cartographient dans les moindres détails 97 % du globe martien.

L'atterrisseur est muni de deux **caméras** orientables permettant d'observer tout le site.

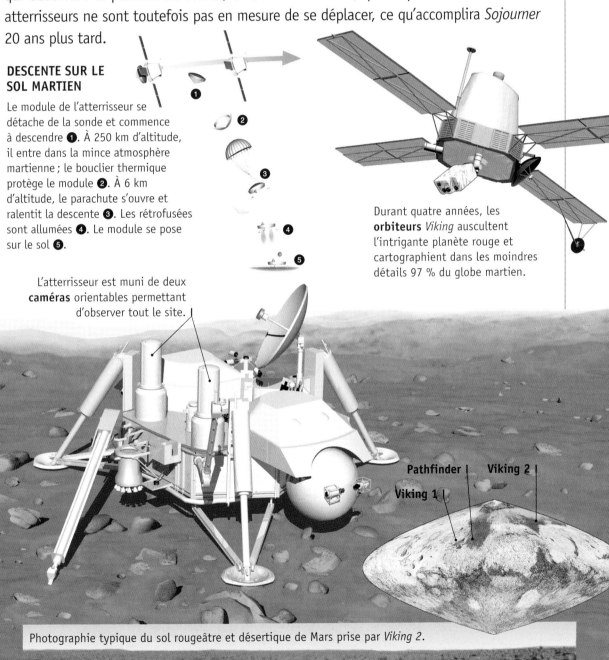

Pathfinder | Viking 2 |
Viking 1 |

Photographie typique du sol rougeâtre et désertique de Mars prise par *Viking 2*.

Voyager

La grande tournée du Système solaire

À la fin des années 1970, un alignement particulier des planètes géantes (se produisant tous les 175 ans) fait envisager aux Américains un ambitieux projet nommé le Grand Tour. Trop onéreux, le projet est abandonné mais la NASA lance, en 1977, deux sondes *Voyager* ayant comme objectif de survoler Jupiter et Saturne.

La mission des *Voyager* est aujourd'hui en principe terminée. En février 1999, *Voyager 1* se trouvait à 10,9 milliards de kilomètres de la Terre, ce qui en fait l'objet artificiel le plus éloigné dans l'espace. On s'attend à ce que les deux sondes fonctionnent jusqu'en 2020.

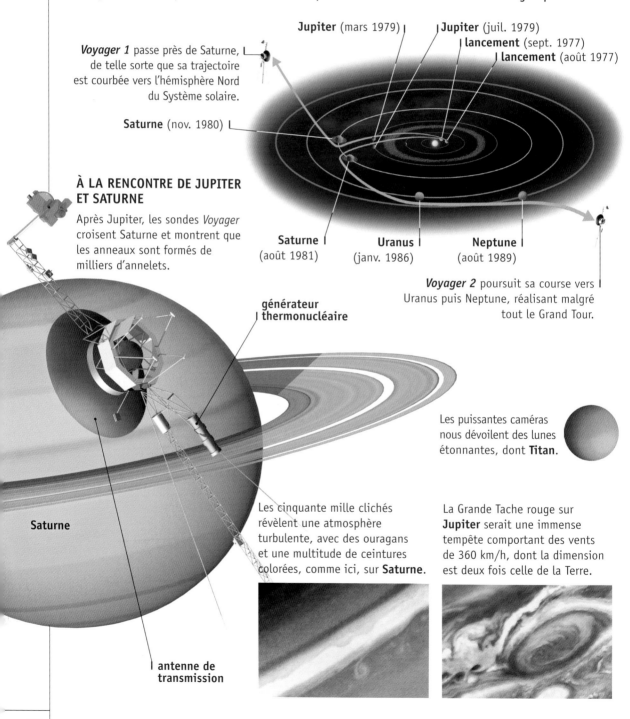

Jupiter (mars 1979)

Jupiter (juil. 1979)

lancement (sept. 1977)

lancement (août 1977)

Voyager 1 passe près de Saturne, de telle sorte que sa trajectoire est courbée vers l'hémisphère Nord du Système solaire.

Saturne (nov. 1980)

À LA RENCONTRE DE JUPITER ET SATURNE

Après Jupiter, les sondes *Voyager* croisent Saturne et montrent que les anneaux sont formés de milliers d'annelets.

Saturne (août 1981)

Uranus (janv. 1986)

Neptune (août 1989)

Voyager 2 poursuit sa course vers Uranus puis Neptune, réalisant malgré tout le Grand Tour.

générateur thermonucléaire

Les puissantes caméras nous dévoilent des lunes étonnantes, dont **Titan**.

Saturne

Les cinquante mille clichés révèlent une atmosphère turbulente, avec des ouragans et une multitude de ceintures colorées, comme ici, sur **Saturne**.

La Grande Tache rouge sur **Jupiter** serait une immense tempête comportant des vents de 360 km/h, dont la dimension est deux fois celle de la Terre.

antenne de transmission

Magellan

Dévoiler enfin le vrai visage de Vénus

De 1960 à 1983, les Soviétiques ont envoyé une quinzaine de sondes *Venera* sur Vénus. Pour parvenir à voir l'ensemble de la planète, la NASA place en orbite une sonde munie d'un puissant radar. Nommée *Magellan*, cette sonde est lancée en mai 1989 et s'insère en orbite vénusienne en août 1990. Au terme de sa mission, en 1994, elle est précipitée dans l'atmosphère de la planète afin de mettre au point les techniques d'aérofreinage qui serviront aux futures sondes.

En 1975, **Venera 9** diffuse la première photo du sol de Vénus avant d'être écrasée par la pression atmosphérique et calcinée par l'intense chaleur.

La surface de Vénus demeure voilée en permanence par une épaisse couche de nuages. *Magellan* confirme qu'il n'y a ni hautes montagnes ni grands ravins sur Vénus, et ne décèle aucune trace d'eau. La sonde révèle en outre que la surface paraît très jeune (à peine 500 millions d'années).

L'antenne à grand débit sert également de **radar** en utilisant un faisceau de micro-ondes qui lui permet de cartographier la surface voilée de Vénus.

ORBITE DE MAGELLAN AUTOUR DE VÉNUS

Au plus près de Vénus, *Magellan* cartographie en détail la planète ❶. Ensuite, la sonde se retourne et transmet les données en pointant son antenne vers la Terre ❷. En deux ans, elle cartographie 98 % de la surface vénusienne.

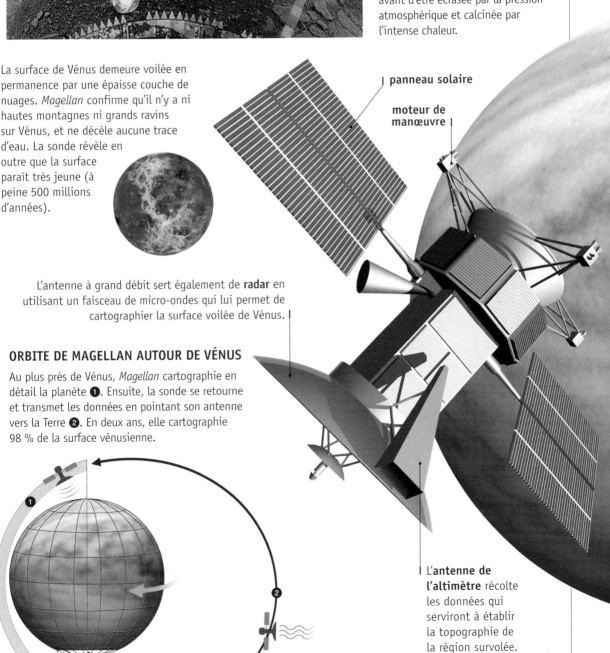

panneau solaire

moteur de manœuvre

L'**antenne de l'altimètre** récolte les données qui serviront à établir la topographie de la région survolée.

zone non cartographiée

Galileo

La découverte des satellites de Jupiter

La sonde *Galileo*, nommée en l'honneur du grand astronome italien qui a découvert en 1610 que quatre lunes gravitaient autour de Jupiter, fut lancée en octobre 1989. Elle devient la première sonde à s'insérer en orbite jovienne. En décembre 1995, *Galileo* confirme que les quatre plus gros satellites de Jupiter possèdent une mince atmosphère.

DES IMAGES ÉTONNANTES

Depuis son arrivée en orbite, la sonde survole régulièrement les quatre lunes géantes découvertes par Galilée et nous en transmet des clichés formidables.

La surface d'**Europe** est couverte de larges failles de glace courant sur des centaines de kilomètres. On trouverait des océans d'eau liquide sous cette surface glacée.

Jupiter

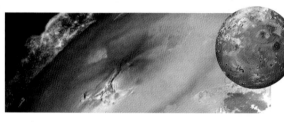

On observe sur **Io** une étonnante surface colorée de rouge, jaune, blanc et orange, des teintes qui sont dues à l'émission de soufre des volcans actifs.

Ganymède, la plus grosse lune du Système solaire comporte des terres sillonnées et de la glace.

Le sol de **Callisto** est l'un des plus âgés. C'est également sur cet astre qu'on retrouve le plus grand nombre de cratères de tout le Système solaire.

L'**antenne** à grand débit de la sonde, capable de transmettre des milliards de bits d'informations, ne s'est malheureusement pas déployée correctement.

Galileo nous transmet tout de même au compte-gouttes les photos grâce à une petite antenne conçue pour transmettre à faible débit.

Europe

Cassini et Huygens

Dans les mystères de Saturne et de Titan

Lancée en octobre 1997, la sonde *Cassini* mettra sept années à atteindre Saturne, qu'elle survolera durant quatre ans ainsi que plusieurs de ses 18 satellites naturels. En plus des instruments scientifiques, *Cassini* emporte une petite sonde, *Huygens*, qu'elle larguera dans l'atmosphère de Titan. Les sondes ont été nommées en l'honneur des astronomes Jean-Dominique Cassini et Christian Huygens, qui ont réalisé l'essentiel des observations concernant Saturne et Titan au XVIIe siècle.

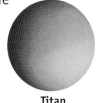

Titan

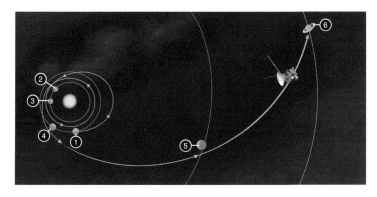

Lancées en octobre 1997 ❶, les sondes survolent Vénus en avril 1998 ❷ et en juin 1999 ❸, puis la Terre en août 1999 ❹. Ces manœuvres, dites d'assistance gravitationnelle, ont pour but d'accroître la vitesse des sondes afin de les expédier jusqu'à Saturne. Elles survoleront Jupiter en décembre 2000 ❺ et atteindront Saturne en juillet 2004 ❻.

Normalement, *Cassini* passera au-dessus des anneaux de Saturne en juillet 2004, où elle allumera son moteur principal afin de freiner sa course et éviter d'être capturée par la planète. Elle larguera *Huygens* dans l'atmosphère de Titan en novembre de la même année.

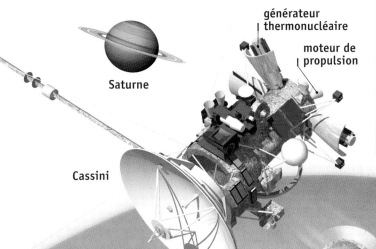

générateur thermonucléaire

moteur de propulsion

Saturne

Cassini

antenne à grand débit

La sonde *Huygens* a la forme d'un bouclier.

DESCENTE DANS L'ATMOSPHÈRE OPAQUE DE TITAN

La sonde *Huygens* entrera dans l'atmosphère de Titan ❶ puis déploiera son parachute pilote ❷. À une altitude d'environ 175 km, la sonde ouvrira son parachute principal ❸, larguera sa coiffe et mettra en service ses instruments d'étude ❹. *Huygens* larguera ensuite son parachute principal ❺ et déploiera un parachute de stabilisation ❻. Durant les 140 derniers kilomètres, elle transmettra des données à l'orbiteur, avant son arrivée au sol ❼.

Ulysses

Le Soleil vu par les pôles

Depuis les années 1960, des dizaines de satellites et de sondes ont étudié le Soleil. Mais tous ont observé notre étoile au niveau de l'équateur selon la même perspective que l'on a depuis la Terre. Jusqu'à ce jour, un seul engin a été en mesure d'observer le Soleil depuis l'angle des pôles ; il s'agit d'*Ulysses*, une sonde européenne lancée en octobre 1990.

Depuis 1994, *Ulysses* orbite autour des pôles du Soleil, qu'elle parcourt en six ans. Elle a observé que le vent solaire souffle deux fois plus intensément aux pôles qu'à l'équateur. En 2000 -2001, la sonde observera les pôles du Soleil alors que notre astre sera particulièrement actif.

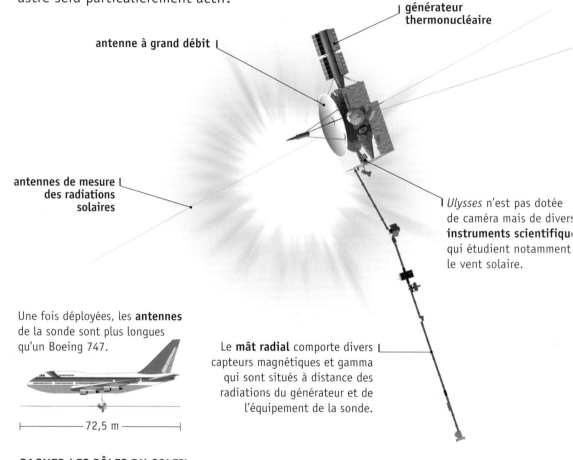

générateur thermonucléaire

antenne à grand débit

antennes de mesure des radiations solaires

Ulysses n'est pas dotée de caméra mais de divers **instruments scientifiqu** qui étudient notamment le vent solaire.

Une fois déployées, les **antennes** de la sonde sont plus longues qu'un Boeing 747.

— 72,5 m —

Le **mât radial** comporte divers capteurs magnétiques et gamma qui sont situés à distance des radiations du générateur et de l'équipement de la sonde.

GAGNER LES PÔLES DU SOLEIL

pôle Nord solaire (juin 1995)

Jupiter (févr. 1992)

③

①

②

Ce n'est pas chose aisée que de viser les pôles solaires. *Ulysses* se rend d'abord jusqu'à Jupiter pour utiliser la force gravitationnelle de la planète géante ❶. Ainsi, elle courbe sa trajectoire et parvient à 343 millions de kilomètres sous le pôle Sud solaire en septembre 1994 ❷. Elle atteint le pôle Nord solaire en juin 1995 ❸.

lancement (oct. 1990)

pôle Sud solaire (sept. 1994)

Pathfinder

Lorsqu'un petit robot se promène sur Mars

Plus de 20 ans après les sondes *Viking*, un nouvel engin s'est posé sur un désert martien en juillet 1997, après un voyage de 7 mois. Il s'agit de *Pathfinder*, une sonde porteuse d'un petit véhicule tout-terrain nommé *Sojourner*, ayant la taille d'un camion jouet. Les sondes ont fonctionné jusqu'à ce qu'on perde abruptement le contact, en septembre 1997. Elles ont heureusement récolté plus d'informations qu'en espéraient les scientifiques.

ATTERRISSAGE

Pathfinder entre dans l'atmosphère martienne, à une vitesse de 7,4 km/s ❶. À 11 km de la surface, le parachute s'ouvre ❷. Le bouclier arrière se sépare du module ❸. Les ballons protecteurs se gonflent et les rétrofusées sont allumées ❹. Après plus de 15 rebonds ❺, la sonde s'immobilise ; les ballons sont dégonflés et rétractés ; les pétales de la base se déploient ❻.

La **caméra** a transmis 16 000 photographies qui ont permis de recréer des panoramas en trois dimensions montrant clairement que la surface de la vallée a été sculptée par le vent et par des torrents d'eau.

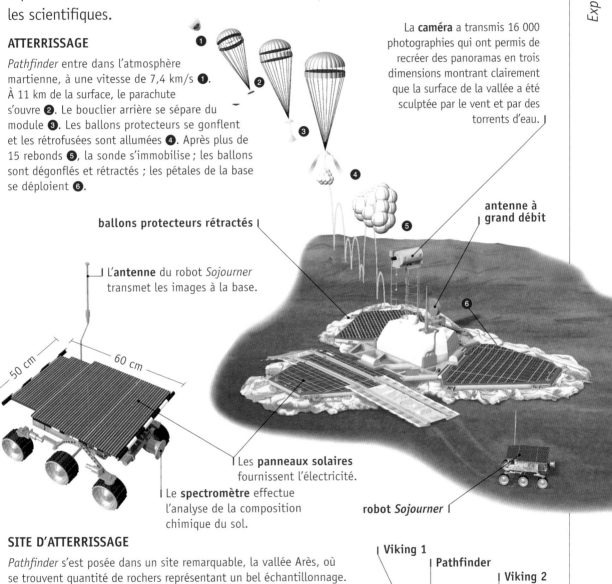

ballons protecteurs rétractés

L'**antenne** du robot *Sojourner* transmet les images à la base.

antenne à grand débit

50 cm — 60 cm

Les **panneaux solaires** fournissent l'électricité.

Le **spectromètre** effectue l'analyse de la composition chimique du sol.

robot *Sojourner*

SITE D'ATTERRISSAGE

Pathfinder s'est posée dans un site remarquable, la vallée Arès, où se trouvent quantité de rochers représentant un bel échantillonnage. Durant deux mois, les deux robots ont étudié les variations climatiques de l'atmosphère et la composition chimique des environs. En 84 jours, *Sojourner* a parcouru 102 m dans les parages de la sonde mère ; il a pris 550 clichés.

Viking 1

Pathfinder

Viking 2

Mars Global Surveyor
De retour en orbite martienne

En septembre 1997, alors que *Pathfinder* et *Sojourner* explorent la surface martienne, une autre sonde se place en orbite autour de la planète. Il s'agit de *Mars Global Surveyor* qui, comme son nom l'indique, a pour mission de tracer le portrait global de Mars. *Mars Global Surveyor* observera notamment les changements climatiques se produisant à la surface durant une année martienne complète, ce qui équivaut à deux années terrestres.

La sonde devait circulariser son orbite par aérofreinage, technique qui consiste à utiliser la friction de l'atmosphère pour modifier la trajectoire orbitale. L'un des panneaux solaires s'étant mal déployé, les opérations s'effectueront plus progressivement ; *Mars Global Surveyor* ne sera au poste qu'au printemps de 1999, un an plus tard que prévu.

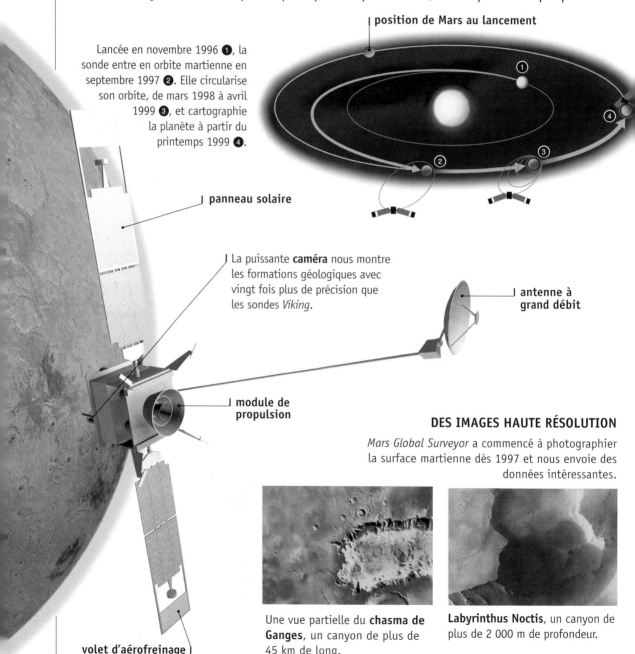

position de Mars au lancement

Lancée en novembre 1996 ❶, la sonde entre en orbite martienne en septembre 1997 ❷. Elle circularise son orbite, de mars 1998 à avril 1999 ❸, et cartographie la planète à partir du printemps 1999 ❹.

panneau solaire

La puissante **caméra** nous montre les formations géologiques avec vingt fois plus de précision que les sondes *Viking*.

antenne à grand débit

module de propulsion

volet d'aérofreinage

DES IMAGES HAUTE RÉSOLUTION

Mars Global Surveyor a commencé à photographier la surface martienne dès 1997 et nous envoie des données intéressantes.

Une vue partielle du **chasma de Ganges**, un canyon de plus de 45 km de long.

Labyrinthus Noctis, un canyon de plus de 2 000 m de profondeur.

Clementine et Lunar Prospector

En attendant de retourner sur la Lune

À la suite des « petits pas pour l'homme » des années 1960, on a quelque peu délaissé l'exploration de la Lune. Ce n'est qu'en janvier 1994 qu'une sonde américaine, *Clementine*, a ausculté de nouveau notre satellite naturel, suivie en 1998 de *Lunar Prospector*.

DE L'EAU SUR LA LUNE

Lunar Prospector confirmait que les pôles lunaires recèlent d'importantes quantités d'eau sous forme de particules de glace mélangées à de la poussière et de la roche. Présente au fond des cratères, cette glace représente de dix à trois cent millions de mètres cubes d'eau dispersée sur des dizaines de milliers de kilomètres carrés. Il y en aurait deux fois plus au pôle Nord qu'au pôle Sud. La sonde ne nous transmet pas de nouveaux clichés de la surface sélène, mais ses appareils scientifiques recueillent quantité de données sur la composition du sol.

sol lunaire

cratère

Il y aurait en moyenne moins d'une particule d'eau pour cent grains de poussière dans les **cristaux de glace**.

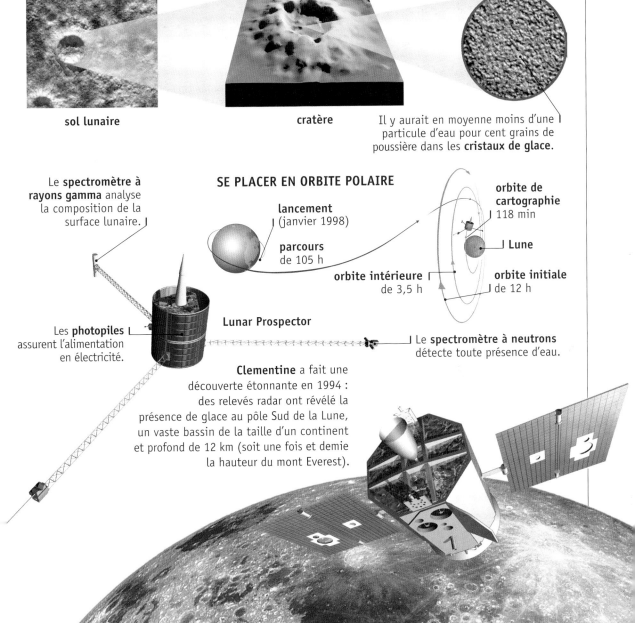

SE PLACER EN ORBITE POLAIRE

Le **spectromètre à rayons gamma** analyse la composition de la surface lunaire.

lancement (janvier 1998)

parcours de 105 h

orbite de cartographie 118 min

Lune

orbite intérieure de 3,5 h

orbite initiale de 12 h

Les **photopiles** assurent l'alimentation en électricité.

Lunar Prospector

Le **spectromètre à neutrons** détecte toute présence d'eau.

Clementine a fait une découverte étonnante en 1994 : des relevés radar ont révélé la présence de glace au pôle Sud de la Lune, un vaste bassin de la taille d'un continent et profond de 12 km (soit une fois et demie la hauteur du mont Everest).

L'exploration des petites planètes

Découvrir les comètes et les astéroïdes

L'intérêt pour les petites planètes s'est développé au cours des années 1980 lorsqu'on a réalisé que l'extinction de dinosaures semblait faire suite à l'écrasement sur Terre de l'un de ces petits astres, il y a environ 65 millions d'années.

LA COMÈTE DE HALLEY

En 1910, la célèbre comète de Halley, qui revenait dans nos parages comme elle le fait tous les 76 ans, a retenu l'attention. En mars 1986, alors que la comète contournait à nouveau le Soleil, les sondes *Giotto* et *Sakigake* sont allées à sa rencontre.

Un **bouclier** protège de la poussière et des particules la face de la sonde qui est orientée vers la comète.

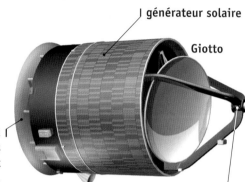

générateur solaire

Giotto

antenne à grand débit

La sonde européenne ***Giotto*** nous a fourni les premières images du noyau de la comète.

La sonde japonaise ***Sakigake*** (terme qui signifie «pionnier») a étudié l'influence du vent solaire et du champ magnétique sur la comète.

comète de Halley

LES ASTÉROÏDES ÉROS ET MATHILDE

Notre intérêt s'est ensuite porté vers les astéroïdes, ces gros cailloux qui gravitent autour du Soleil et dont on craint l'impact sur Terre. La sonde *NEAR (Near Earth Asteroid Rendezvous)* a été lancée par la NASA en février 1996.

Faisant route vers Éros, *NEAR* a croisé l'astéroïde **Mathilde** dont elle nous a fourni un bon aperçu.

panneaux solaires

module d'instruments scientifiques

L'objectif de *NEAR* est de se placer en orbite autour d'**Éros** (en février 2000) afin d'étudier de près l'astéroïde pour une période de deux ans.

Objectif Mars

À quand l'arrivée de l'homme ?

Dans la foulée des sondes *Pathfinder* et *Mars Global Surveyor*, la NASA prévoit lancer des sondes tous les 26 mois, chaque fois que la position de Mars par rapport à la Terre le permettra. L'objectif ultime de l'exploration de Mars est bien entendu d'y faire marcher des êtres humains, ce qui ne devrait pas être réalisé avant l'an 2018, et même probablement pas avant les années 2030.

MARS SURVEYOR 1998

Dans le cadre du projet Mars Surveyor 98, deux sondes se sont approchées de Mars à l'automne 1999 : l'orbiteur *Mars Climate Orbiter* et l'atterrisseur *Mars Polar Lander*. Malheureusement, le premier a brûlé en pénétrant dans l'atmosphère martienne en raison d'une erreur de navigation, tandis que le second a rapidement cessé de communiquer avec la Terre.

Un **bras robotique** devait servir à recueillir des échantillons pour les analyser sur place.

L'une des missions de l'**orbiteur** était d'étudier les changements climatiques durant une année martienne.

L'atterrisseur **Mars Polar Lander** devait se poser près de la calotte polaire australe, où le terrain est un mélange de poussière et de glace.

Le **module des instruments** comprenait un détecteur conçu spécialement pour déceler la présence d'eau dans l'atmosphère.

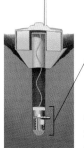

chambre de prélèvement

Deux **micro-sondes** larguées avant l'atterrissage de *Mars Polar Lander* devaient pénétrer environ un mètre sous la surface pour y analyser des échantillons.

antenne à grand débit

MARS SURVEYOR 2001

En 2001, la NASA prévoit placer en orbite martienne une sonde chargée d'analyser la composition chimique de la surface. *Mars Surveyor 2001* tentera en particulier de repérer de possibles réserves d'eau souterraines sur la planète rouge.

Le **spectromètre** à rayons gamma analysera la composition de la surface de Mars, et tentera de détecter la présence d'hydrogène sous la surface.

panneau solaire

module des instruments scientifiques

La navette spatiale

Un transporteur dans l'espace

Contrairement aux fusées qui ne servent qu'une fois, la navette spatiale est le seul véhicule spatial dont les composantes sont réutilisées, hormis le réservoir externe. En près de 20 ans, elle a été lancée une centaine de fois et n'a connu qu'un échec (*Challenger*, en 1986). La navette a notamment lancé les sondes *Galileo*, *Magellan* et *Ulysses*. Elle a également placé en orbite terrestre le fameux télescope spatial *Hubble*.

Lors du lancement, l'orbiteur est fixé à un immense **réservoir** contenant le carburant qui alimente les moteurs durant les huit premières minutes du vol. À chaque seconde, chacun des moteurs brûle 1 300 litres d'hydrogène et d'oxygène liquides contenus dans cet immense réservoir de 47 m de long et 8,4 m de diamètre.

La partie principale de la navette se nomme l'**orbiteur**. L'appareil peut transporter en orbite terrestre environ 12 tonnes de matériel et de 5 à 7 astronautes. Il a les dimensions et le poids d'un avion de type DC-10 : il mesure 37 m de long par 24 m d'envergure et pèse 68 tonnes à vide.

Deux **fusées à poudre** fournissent l'essentiel de la poussée durant les deux premières minutes de vol. Ces fusées (qui mesurent 45,5 m de haut, 3,7 m de diamètre et pèse 585 tonnes) sont ensuite larguées ; elles retombent en mer où elles sont récupérées et remis en état pour un autre lancement.

Les astronautes revêtent un **scaphandre spatial** lorsqu'ils sortent de la navette pour effectuer des manœuvres. Équipée d'un système d'alimentation en oxygène, cette combinaison leur assure une autonomie de plusieurs heures.

Des **tuiles** conçues pour résister à des températures de plus de 1 260 °C recouvrent 70 % de la surface de l'orbiteur. On en dénombre plus de 30 000.

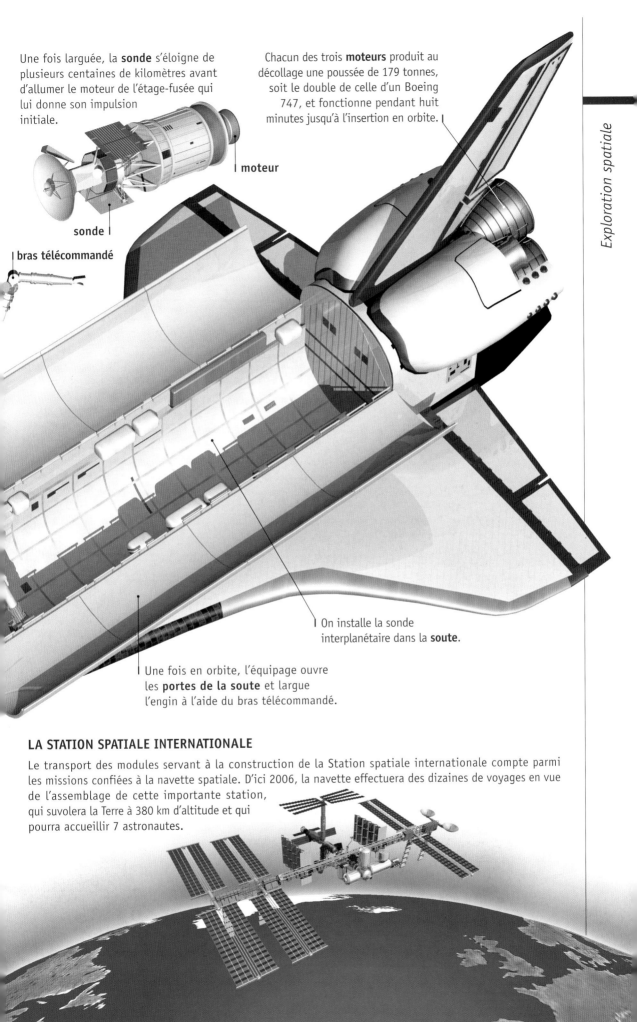

Une fois larguée, la **sonde** s'éloigne de plusieurs centaines de kilomètres avant d'allumer le moteur de l'étage-fusée qui lui donne son impulsion initiale.

Chacun des trois **moteurs** produit au décollage une poussée de 179 tonnes, soit le double de celle d'un Boeing 747, et fonctionne pendant huit minutes jusqu'à l'insertion en orbite.

moteur

sonde

bras télécommandé

On installe la sonde interplanétaire dans la **soute**.

Une fois en orbite, l'équipage ouvre les **portes de la soute** et largue l'engin à l'aide du bras télécommandé.

LA STATION SPATIALE INTERNATIONALE

Le transport des modules servant à la construction de la Station spatiale internationale compte parmi les missions confiées à la navette spatiale. D'ici 2006, la navette effectuera des dizaines de voyages en vue de l'assemblage de cette importante station, qui survolera la Terre à 380 km d'altitude et qui pourra accueillir 7 astronautes.

Glossaire

accrétion
Processus par lequel la matière s'agglomère, sous l'effet de la gravitation, pour former des corps célestes massifs telles les étoiles, les planètes et les galaxies.

albédo
Fraction de lumière incidente réfléchie par un objet ; la brillance intrinsèque d'un corps. Une surface parfaitement réfléchissante a un albédo de 1,0 ; une surface parfaitement absorbante a un albédo de 0,0.

année-lumière
Distance parcourue par la lumière en une année à la vitesse de 300 000 km/s, soit $9,46 \times 10^{12}$ cm ou 9 460 milliards de kilomètres.

aphélie
Point le plus éloigné de l'orbite d'un corps qui gravite autour du Soleil.

assistance gravitationnelle
Technique qui consiste à utiliser le champ gravitationnel d'une planète pour modifier la trajectoire d'une sonde et accroître sa vitesse, sans consommation additionnelle de carburant.

atmosphère
Couche de gaz superficielle entourant une planète, un satellite naturel ou une étoile.

atome
La plus petite quantité d'un élément chimique qui en conserve les propriétés. L'atome est constitué d'un noyau (lui-même formé de protons et de neutrons), autour duquel orbitent un ou des électrons.

champ magnétique
Région entourant un corps dans laquelle s'exerce une force magnétique sur des particules électriquement chargées.

convection
Transfert de chaleur par déplacement de gaz ou de liquide.

densité
La masse d'un corps par unité de volume. On calcule la densité en divisant la masse par le volume ; on l'exprime en kilogrammes par mètre cube (kg/m^3).

densité critique
Valeur qui équivaut à la quantité de matière partageant les destins possibles de l'Univers et qui est de trois atomes d'hydrogène par mètre cube.

deutéron
Noyau de l'atome du deutérium, isotope stable de l'hydrogène (aussi appelé hydrogène lourd) comprenant un proton et un neutron.

disque d'accrétion
Disque plat formé de matière en rotation autour d'une étoile, d'un trou noir ou de tout autre corps massif.

écliptique
Plan de l'orbite de la Terre par rapport au Soleil. C'est aussi la trajectoire apparente du Soleil sur la sphère céleste.

effet Doppler
Changement de fréquence d'une onde qui se produit lorsque la source émettrice et l'observateur se rapprochent ou s'éloignent l'un de l'autre.

électron
Particule de charge négative orbitant autour du noyau de l'atome.

énergie
Capacité d'un objet à fournir du travail sous forme de chaleur, de lumière, d'électricité, etc.

force nucléaire
Force qui s'exerce à l'échelle du noyau atomique et qui assure sa cohésion en maintenant ensemble les protons et neutrons malgré la répulsion électrostatique.

foyer
Dans un télescope, point de convergence des rayons lumineux formant une image.

fréquence
Nombre d'ondes qui passent en un point fixe par seconde. La fréquence se mesure en hertz (Hz).

fusion nucléaire
Réaction nucléaire dans laquelle les noyaux atomiques se combinent pour former de plus gros noyaux libérant une quantité énorme d'énergie.

gramme
Unité principale de masse qui équivaut approximativement à la masse d'un centimètre cube d'eau.

gravitation
Force d'attraction entre deux corps, qui crée le mouvement des planètes, des étoiles et des galaxies. Cette force est inversement proportionnelle au carré de la distance qui sépare les corps.

hélium
Élément chimique dont le noyau est constitué de deux protons et de deux neutrons, autour duquel orbitent deux électrons. C'est un gaz très léger qui est abondant dans les étoiles (notamment le Soleil).

hélium léger (hélium 3)
Isotope de l'hélium dont le noyau est constitué de deux protons et d'un neutron.

hydrogène
Élément chimique le plus léger et le plus abondant de l'Univers dont le noyau est composé d'un proton autour duquel orbite un électron.

inclinaison
Angle entre l'équateur céleste d'un corps et son plan orbital, ou encore angle entre l'axe de rotation d'un corps et la perpendiculaire du plan orbital.

inertie
Propension d'un corps à résister au changement de son état (qu'il soit immobile ou en mouvement) sans l'intervention d'une force. Cette résistance est proportionnelle à la masse du corps.

interférométrie
En radioastronomie, technique qui consiste à combiner les faisceaux lumineux captés par deux radiotélescopes ou plus, afin d'augmenter la résolution (précision) des images.

interstellaire
Qui est situé entre les étoiles.

ion
Atome qui a perdu ou gagné un ou plusieurs électrons.

isotope
Atome d'un élément chimique qui possède le même nombre de protons mais un nombre différent de neutrons. Par exemple, le noyau d'hydrogène contient un proton et aucun neutron ; un isotope de l'hydrogène, le deutérium (hydrogène lourd), contient un proton et un neutron.

kelvin (K)
Unité de température. L'échelle de température Kelvin commence au zéro absolu (-273,15 °C), la température la plus froide qui soit. La conversion des degrés Celsius en kelvins s'effectue selon la formule : $K = °C + 273,15$. Ainsi, 0 °C équivaut à 273,15 K.

longueur d'onde
Distance entre deux creux ou deux crêtes successives d'une onde.

lumière visible
Mince portion du spectre électromagnétique qui est la seule visible. Elle s'étend de 400 à 700 nanomètres, du violet au rouge.

Glossaire

M

Une centaine d'objets célestes (principalement des galaxies et des nébuleuses) sont identifiés sous la lettre M (du nom de l'astronome Charles Messier) suivie de leur numéro de catalogue.

magnitude

Mesure de la luminosité ou de la brillance d'un corps céleste, en particulier d'une étoile. Les nombres les plus petits représentent les corps les plus brillants.

masse

Quantité de matière contenue dans un corps, exprimée en grammes. La masse d'un corps est constante.

micro-ondes

Portion des ondes radio dont la longueur d'onde varie de 1 mm à 1 m.

nanomètre

Unité de longueur qui équivaut à 10^{-9} m.

NASA

Acronyme de National Aeronautics and Space Administration. Agence gouvernementale américaine qui coordonne les recherches aéronautiques et spatiales aux États-Unis.

nébuleuse

Nuage de gaz et de poussière dans lequel naissent les étoiles.

neutron

Particule élémentaire neutre, constituante du noyau atomique, et dont la masse est légèrement supérieure à celle du proton.

ngc

Sigle de *Nouveau catalogue général des nébuleuses et amas d'étoiles* (*New General Catalogue of Nebulæ and Star Clusters*). Ce catalogue sert à identifier les objets célestes non stellaires.

notation scientifique

Système de notation notamment utilisé en astronomie pour exprimer les nombres très grands ou très petits. Le nombre 10 y est élevé à une puissance exprimée par un exposant. Ainsi $10^2 = 100$, soit 1 suivi de 2 zéros. De même, $10^3 =$ 1 000, soit 1 suivi de 3 zéros. De façon similaire, cette notation s'utilise pour les fractions. Ainsi, $10^{-2} = 0,01$.

noyau

Portion centrale d'un atome, d'une comète, d'une galaxie ou d'une cellule.

ondes infrarouges

Radiation électromagnétique dont la longueur d'onde est légèrement supérieure à celle de la lumière visible.

ondes radio

Portion du spectre électromagnétique dont la longueur d'onde varie de 0,1 cm à plusieurs mètres ou kilomètres. Le rayonnement radio est celui dont la longueur d'onde est la plus grande.

orbite

Trajectoire décrite par un corps céleste tournant autour d'une planète ou d'une étoile.

parallaxe

Changement de la position apparente d'un objet céleste selon le point d'observation.

parsec

Unité de distance qui équivaut à 3,26 années-lumière ou 206 265 UA.

périhélie

Point le plus proche de l'orbite d'un corps qui gravite autour du Soleil.

photon

Particule qui transmet le rayonnement électromagnétique, dont la lumière visible.

poids

Force gravitationnelle qui s'exerce sur un objet et qui varie selon la masse de l'objet.

pression

Force par unité de surface. La pression atmosphérique équivaut au poids de l'air qui s'exerce sur une surface donnée.

proto-

Préfixe utilisé en astronomie pour désigner un corps céleste en formation (protoétoile, protoplanète, protogalaxie...).

proton

Particule de charge positive, constituante du noyau atomique.

quark

Particule élémentaire chargée, constituante des protons et neutrons, notamment.

rayonnement électromagnétique

Énergie transmise à la vitesse de la lumière sous la forme de rayons gamma, rayons X, rayons ultraviolets, lumière visible, ondes infrarouges ou ondes radio.

rayons gamma

Rayonnement électromagnétique très énergétique de la plus courte longueur d'onde.

rayons ultraviolets

Portion du spectre électromagnétique dont la longueur d'onde est plus courte que celle de la lumière visible mais plus grande que celle des rayons X.

rayons X

Rayonnement électromagnétique dont la longueur d'onde se situe entre celle des rayons ultraviolets et des rayons gamma.

réaction thermonucléaire

Réaction nucléaire qui a lieu au cœur de l'étoile au cours de laquelle les noyaux d'hydrogène fusionnent en hélium, en émettant une grande quantité d'énergie sous forme de lumière et de chaleur.

résolution

Netteté ou précision du détail visible dans une image. Une photographie haute résolution montre avec clarté des détails plus fins et plus petits.

spectre électromagnétique

Champ complet du rayonnement magnétique, qui s'étend des rayons gamma (courtes longueurs d'onde) aux ondes radio (grandes longueurs d'onde).

unité astronomique (UA)

Unité utilisée pour calculer les distances dans le Système solaire. Elle correspond à la distance moyenne entre la Terre et le Soleil (soit environ 150 millions de kilomètres).

Univers

L'ensemble de tout ce qui existe.

volume

Partie de l'espace à trois dimensions occupée par un corps ; mesure de cet espace, exprimée en cube (cm^3, m^3, etc.).

zénith

Point du ciel situé directement au-dessus de la tête d'un observateur.

zéro absolu

Température la plus basse possible qui correspond au point d'arrêt du mouvement énergétique moléculaire ; elle équivaut à zéro kelvin (0 K), -273,15 °C ou -459,69 °F.

zodiaque

Bande de 12 constellations ceinturant la sphère céleste et que traverse la trajectoire du Soleil (Bélier, Taureau, Gémeaux, Cancer, Lion, Vierge, Balance, Scorpion, Sagittaire, Capricorne, Verseau, Poissons).

Index

16 Cygni B 101
47 Ursae Majoris 101
51 Pegasis 101
55 Cancri 101
70 Virginis 101

A

achondrites 39
accrétion 120 [G]
accrétion, disque d' 53, 57
activité solaire 13
Adams 45
Aigle 61, 63, 65, 106
Aigle, nébuleuse de l' 58, 95
air, composition de l' 26
albédo 120 [G]
Alcor 61, 64
Aldebaran 106
Algol 50
Alioth 61
Alkaïd 61
Alpha du Centaure 63
amas de l'Éperon des chiens
   de chasse 73
AMAS DE GALAXIES 73
amas de la Coupe 73
amas de la Vierge 73, 79
amas de la Vierge II 73
amas de la Vierge III 73
amas des Chiens de chasse 73
amas du Lion II 73
amas du Toucan 59
amas globulaires 59, 70
amas local 79
amas ouverts 58
AMAS STELLAIRES 58
Amérique du Nord, nébuleuse
   de l' 64
Andromède 65
Andromède, galaxie d' 71, 72,
   79
anneaux 42, 43, 44, 45
année-lumière 79, 120 [G]
anorthosites 33
aphélie 30, 120 [G]
Apollo 37
Arecibo, radiotélescope d' 96,
   99
Arès, vallée 113
Ariel 11, 44
ascension droite 29, 89
assistance gravitationnelle
   111, 120 [G]
ASTÉROÏDES 9, 33, 36, 37,
   43, 116
Atelier du sculpteur 63
atmosphère 27, 120 [G]
atmosphère primitive 23
ATMOSPHÈRE TERRESTRE 26,
   87
atomes 78, 81, 120 [G]
atterrisseur 105
aurores polaires 24, 25
Autel 63

B

Balance 60, 61, 63
Baleine 61, 63, 65
Barringer Crater 39
basaltes 33
Bélier 60, 61, 65
Bételgeuse 51, 71
BIG BANG 80, 82, 83
Big Crunch 82
Boussole 63
Bouvier 61, 65
bras de Persée 70, 71
bras du Centaure 70
bras du Cygne 70
bras du Sagittaire 70, 71
bras local d'Orion 70
brèches 33
Burin 63

C

Callisto 10, 42, 110
Caméléon 63
Cancer 60, 61, 65
Cancer, tropique du 28
Canopus 62, 71
Capella 65, 71
Capricorne 60, 61, 63
Capricorne, tropique du 28
Cassegrain 88
Cassegrain, foyer 90
CASSINI 111
Cassini, division de 43
Cassiopée 65
CCD, détecteur 91
ceinture d'astéroïdes 9, 37,
   38
ceinture de Kuiper 8
ceinture externe de Van Allen
   24
ceinture interne de Van Allen
   24
Centaure 63
Centaure, bras du 70
Centaurus A 75
Céphée 65
Cérès 37
champ magnétique 24, 120 [G]
Charon 11, 46
chasma de Ganges 114
Chevalet du peintre 63
Chevelure de Bérénice 61, 65
Chiens de chasse 65
Chiens de chasse, amas des 73
chondrites 39
chromosphère 12
civilisations communicantes
   98
CLASSIFICATION DES ÉTOILES
   51
CLASSIFICATION DES GALAXIES
   69
CLEMENTINE 115
COBE, satellite 83, 87
Cocher 61, 65

Colombe 63
coma 40
comète de Halley 41, 116
comète Shoemaker-Levy 9 41
COMÈTES 40, 41, 116
Compas 63
composition chimique de la
   Terre 21
composition de l'air 26
Compton, satellite 86
CONSTELLATIONS 60, 61
CONSTELLATIONS DE
   L'HÉMISPHÈRE AUSTRAL 62
CONSTELLATIONS DE
   L'HÉMISPHÈRE BORÉAL 64
convection 120 [G]
COORDONNÉES
   ASTRONOMIQUES 29
COORDONNÉES
   GÉOGRAPHIQUES 28
Corbeau 63
cornets polaires 24, 25
couche d'ozone 27
couches atmosphériques 27
Coupe 63
Coupe, amas de la 73
couronne 12, 13
Couronne australe 63
Couronne boréale 61, 65
Crabe, nébuleuse du 55
cratère 38
Croix du Sud 62, 63
croûte lunaire 32, 33
croûte terrestre 21
Cygne 61, 64, 65
Cygne, bras du 70

D

Dactyl 37
Dauphin 65
déclinaison 29, 89
Deimos 10, 36
Deneb 64
densité 120 [G]
densité critique 120 [G]
dernier croissant 34
dernier quartier 34
destin de l'Univers 82
détecteur CCD 91
deutéron 120 [G]
diagramme Hertzsprung-
   Russell 51
DIMENSIONS DE L'UNIVERS 78
Dioné 11, 43
disque d'accrétion 53, 57, 120
   [G]
disques protoplanètaires 100
division de Cassini 43
division de Encke 43
Dorade 63
Dragon 65
Drake 98
Drake, équation de 98
Dubhe 61

E

ÉCLIPSES LUNAIRES 35
ÉCLIPSES SOLAIRES 13, 16
écliptique 8, 29, 63, 65,
   120 [G]
écosphère 99
Écu 63
Effelsberg, observatoire d' 97
effet de serre 20
effet Doppler 120 [G]
électrons 81, 120 [G]
Encke, division de 43
énergie 120 [G]
Éperon des chiens de chasse,
   amas de l' 73
équateur 28, 29, 30
équateur céleste 29
équateur galactique 71
équation de Drake 98
équinoxe d'automne 31
équinoxe du printemps 31
Éridan 61, 63
Éros 116
éruptions solaires 13
Êta Carinae 95
étoile à neutrons 54
étoile double 50, 64
étoile Polaire 65
étoile variable 50
ÉTOILES 9, 14, 15, 49, 51, 58,
   59, 60, 61, 62, 63, 64, 65, 101
étoiles à neutrons 51, 55
étoiles blanches 50, 51
étoiles bleues 51, 58
ÉTOILES, CLASSIFICATION DES
   51
ÉTOILES DE FAIBLE MASSE 52,
   53, 54
étoiles filantes 38
étoiles jaunes 51
ÉTOILES MASSIVES 54, 56
ÉTOILES MULTIPLES 50
étoiles rouges 51
Europe 10, 42, 110
ÉVOLUTION DU SOLEIL 14
exoplanètes 100, 101
exosphère 27
EXPANSION DE L'UNIVERS 82
EXPLORATION DES PETITES
   PLANÈTES 116
exploration planétaire 104

F

Flèche 65
force nucléaire 120 [G]
Fourneau 63
foyer 120 [G]
foyer Cassegrain 90
fréquence 120 [G]
fusion 54, 55
fusion nucléaire 120 [G]

G

galaxie d'Andromède 71, 72, 79
galaxie de la Roue de la
   charette 95

Les termes en MAJUSCULES et la pagination en **caractères gras** renvoient à une entrée principale. Le symbole [G] indique une entrée de glossaire.

Index

galaxie irrégulière 68
galaxie lenticulaire 68
galaxie spirale 68
galaxie spirale barrée 68
GALAXIES **68**, 72, 82
GALAXIES, AMAS DE **73**
GALAXIES, CLASSIFICATION
DES **69**
GALAXIES ACTIVES **74**
galaxies de Seyfert 74, 75
galaxies elliptiques 69
galaxies irrégulières 69
galaxies lenticulaires 69
galaxies spirales 69
Galilée 88
GALILEO 37, 42, **110**
Galle 45
Ganges, chasma de 114
Ganymède 10, 42, 110
Gaspra 37
géante rouge 15, 52
géantes 51
Gémeaux 60, 61, 65
générateurs thermonucléaires
104
géocroiseurs 37
gibbeuse croissante 34
gibbeuse décroissante 34
Giotto 116
Girafe 65
Gliese 229 53
Gliese 614 101
Gliese 876 101
gramme 120 [G]
Grand Chien 61, 63
Grand Nuage de Magellan 62,
68, 71, 72
Grande Ourse 61, 64, 65
Grande Tache rouge 42, 106,
108
Grande Tache sombre 45
gravitation 120 [G]
GROUPE LOCAL **72**
Grue 63

H

Hale 90
Halley, comète de 41, 116
hautes terres 33
Hélice, nébuleuse de l' 63
hélium 49, 81, 120 [G]
hélium léger (hélium 3) 120 [G]
hémisphère austral 61
hémisphère boréal 61
Hercule 61, 65
Herschel 43, 44
Hertzsprung 51
Hertzsprung-Russell,
diagramme 51
Hopkins, Mont 92
horizon cosmique 83
horizon des événements 57
Hubble 69, 82, 90
Hubble, loi de 82
HUBBLE, TÉLESCOPE SPATIAL
94
HUYGENS **111**

Hydre 61, 65
Hydre femelle 63
Hydre mâle 63
hydrogène 49, 81, 120 [G]

I

Icare 37
Ida 37
inclinaison 120 [G]
Indien 63
inertie 120 [G]
infrarouge 74, 75, 87
interférométrie 93, 120 [G]
interstellaire 120 [G]
Io 10, 42, 110
ion 120 [G]
ionosphère 25, 27
IRAS, satellite 87, 100
isotope 120 [G]
IUE, télescope 86

J

Japet 43
JUPITER 8, 11, 41, **42**, 110,
106, 108

K

Keck 93
kelvin (K) 120 [G]
Kuiper, ceinture de 8

L

Labyrinthus Noctis 114
latitude 28
Le Verrier 45
Lézard 65
Licorne 63
Lièvre 63
Lion 60, 61, 65
Lion II, amas du 73
loi de Hubble 82
longitude 28
longueur d'onde 120 [G]
Loup 63
lumière 86
lumière radio 96
lumière visible 26, 86, 87, 96,
120 [G]
LUNAR PROSPECTOR **115**
LUNE 9, 16, **32**, 33, 35, 115
lunettes astronomiques 88, 89
Lynx 65
Lyre 61, 65

M

M 120 [G]
M33 72, 79
M4 53
M81 65, 96
M82 96
M87 74
Maat, mont 20
Machine pneumatique 61, 63

MAGELLAN **109**
Magellan, Grand Nuage de 62,
68, 71, 72
Magellan, Petit Nuage de 71,
72
magnétogaine 24
magnétopause 24
MAGNÉTOSPHÈRE **24**
magnitude 62, 64, 120 [G]
magnitude absolue 51
Mariner 4 107
Mariner 9 107
Marineris, vallée 36, 107
MARS 8, 10, **36**, 99, 114,
117, 107
Mars Climate Orbiter 117
MARS GLOBAL SURVEYOR **114**
MARS, OBJECTIF **117**
Mars Polar Lander 117
Mars Surveyor 1998 117
Mars Surveyor 2001 117
masse 120 [G]
MATHILDE **116**
Megrez 61
Merak 61
MERCURE 8, 10, **19**
méridien 28
méridien origine 28
mers 32
mésosphère 27
Meteor Crater 39
météores 27, 38
météoroïdes 38
MÉTÉORITES **38**, 39
météorites ferreuses 39
météorites métallo-rocheuses
39
météorites pierreuses ou
rocheuses 39
micro-ondes 86, 87, 120 [G]
microscope 63
Mimas 11, 43
Mira 50
Miranda 11, 44
Mizar 61, 64
molécules 81
mont Hopkins 92
mont Maat 20
mont Olympus 36
mont Palomar 90, 91, 93
mont Paranal 92
mont Wilson 90
Mouche 63

N

naine noire 15, 52
naines blanches 15, 51, 52,
53
naines brunes 52, 53
nanomètre 120 [G]
Nasa 108, 116, 117, 121 [G]
NAVETTE SPATIALE **118**
NEAR 116
nébuleuse 22, 49, 52, 120 [G]
nébuleuse d'Orion 71, 100
nébuleuse de l'Aigle 58, 95

nébuleuse de l'Amérique du
Nord 64
nébuleuse de l'Hélice 63
nébuleuse du Crabe 55
nébuleuse planétaire 15, 52,
63
NEPTUNE 8, 11, **45**
Néréide 45
neutrons 81, 120 [G]
Newton 88
NGC 120 [G]
NGC 1365 68
NGC 1232 68
NGC 3077 96
NGC 4261 57
NGC 7742 75
notation scientifique 120 [G]
nouvelle lune 34
nova 52, 53
noyau 120 [G]
noyaux atomiques 78, 81
nuage de Oort 9, 40

O

Obéron 11, 44
OBJECTIF MARS **117**
OBSERVATOIRE ASTRONOMIQUE
87, **90**, 92
observatoire d'Effelsberg 97
oculaire 88
Octant 63
Oiseau de Paradis 63
Olympus, mont 36
ondes infrarouges 26, 86, 120
[G]
ondes radio 26, 74, 75, 86,
87 96, 97, 120 [G]
Oort, nuage de 9, 40
Ophiuchus 61, 65
orbite 120 [G]
orbiteur 105
Orion 61, 63, 65
Orion, bras local d' 70
Orion, nébuleuse d' 71, 100
ozone, couche d' 27

P

Palomar, mont 90, 91, 93
Paon 63
parallaxe 120 [G]
parallèle 28
Paranal, mont 92
parsec 120 [G]
particules élémentaires 81
PATHFINDER **113**
Pégase 61, 64, 65
périhélie 31, 120 [G]
Persée 65
Persée, bras de 70, 71
Petit Cheval 65
Petit Chien 65
Petit Lion 65
Petit Nuage de Magellan 71, 72
Petite Ourse 65
PHASES LUNAIRES **34**
Phekda 61

Les termes en MAJUSCULES et la pagination en **caractères gras** renvoient à une entrée principale. Le symbole [G] indique une entrée de glossaire.

Index

Phénix 63
Phobos 10, 36
photons 12, 49, 81, 120 [G]
photosphère 13
PIONEER 10 ET 11 **106**
plaines closes 33
plan focal primaire 88
planètes 9, 14
PLANÈTES, EXPLORATION DES PETITES **116**
planètes externes 8, 10
PLANÈTES EXTRASOLAIRES **100**, 101
planètes internes 9, 10
PLANÈTES, TABLEAU COMPARATIF DES **10**
planétoïdes 40
Pléiades 58, 71
pleine lune 34
PLUTON 8, 11, **46**
poids 120 [G]
point vernal 29
Poissons 60, 61, 65
Poisson austral 61, 63
Poisson volant 63
Polaris 71
pôle Nord 28, 30
pôle Nord céleste 29
pôle Sud 28
pôle Sud céleste 29
Poupe 61, 63
premier croissant 34
premier quartier 34
pression 120 [G]
proto- 120 [G]
protoétoile 14, 49, 52
protons 81, 120 [G]
protoplanètes 14, 22, 100
protoplanètaires, disques 100
pulsars 54, 55

Q

quarks 78, 81, 120 [G]
quasars 74
queue de poussière 40
queue ionique 40

R

radiogalaxies 74, 75
RADIOTÉLESCOPES 87, **96**, 97
radiotélescope d'Arecibo 96, 99
RAYONNEMENT DE FOND COSMOLOGIQUE **83**
rayonnement électromagnétique 120 [G]

rayons gamma 26, 120 [G]
rayons solaires 30
rayons ultraviolets 26, 86, 120 [G]
rayons X 26, 74, 120 [G]
réaction nucléaire 49
réaction thermonucléaire 120 [G]
réflexion 89
réfraction 89
Règle 63
régolithe 32, 33
résolution 120 [G]
Réticule 63
Rhéa 11, 43
Rhô Coronae Borealis 101
robot Sojourner 113
roches lunaires 33
ROSAT, satellite 86
Roue de la charette, galaxie de la 95
Russell 51

S

Sagan 106
Sagittaire 60, 61, 63
Sagittaire, bras du 70, 71
SAISONS, PHÉNOMÈNE DES **30**
Sakigake 116
satellite naturel 9
satellite COBE 83, 87
satellite Compton 86
satellite IRAS 87, 100
satellite ROSAT 86
SATURNE 8, 11, **43**, 111, 108
Scorpion 60, 61, 63
Schmidt-Cassegrain 88
Sept sœurs 58
séquence principale 51, 52, 54
Sextant 63
Seyfert, galaxies de 74, 75
Shoemaker-Levy 9, comète 41
singularité 57
Sirius 50, 62, 71
Sirius B 50
Sojourner, robot 113
SOLEIL 8, 9, **12**, 13, 15, 16, 30, 34, 35, 49, 52, 70, 71, 112, 101
SOLEIL, ÉVOLUTION DU **14**
solstice d'été 30
solstice d'hiver 31
Sombrero 68
sondes 109, 110, 112, 113, 114, 115, 116, 117, 106, 107, 108

SONDES SPATIALES **104**, 105
Space Telescope Science Institute 94
SPECTRE ÉLECTROMAGNÉTIQUE **86**, 120 [G]
sphère céleste 29
sphère terrestre 29
spicule 12
station spatiale internationale 119
stratosphère 27
superamas 79
superamas local 73
supergéantes 51, 54
supernova 54, 55, 57
Supernova 1987a 55
SYSTÈME SOLAIRE **8**, 9, 10, 14, 70, 71, 78, 100

T

Table 63
TABLEAU COMPARATIF DES PLANÈTES **10**
taches solaires 13
Tau Bootis 101
Taureau 60, 61, 65
télescope à infrarouge ISO 87
télescope IUE 86
TÉLESCOPE SPATIAL HUBBLE **94**, 95
Telescope, Very Large 92
TÉLESCOPES 63, **88**, 89, 90, 91, 92, 93
TÉLESCOPES, NOUVELLE GÉNÉRATION DE **92**
TERRE 8, 10, 13, 14, 16, **21**, **22**, 23, 24, 26, 28, 30, 33, 34, 35, 38, 40, 56, 71, 78
Terre, composition chimique de la 21
Thétys 11
Tombaugh 46
Titan 11, 43, 111
Titania 11, 44
Toucan 63
Toucan, amas du 59
Toutatis 37
traînées lumineuses 32
Triangle 65, 72
Triangle austral 63
Triton 11, 45
tropique du Cancer 28
tropique du Capricorne 28
troposphère 27
TROUS NOIRS 54, **56**, 57, 70, 75
type spectral 51

U

ULYSSES **112**
Umbriel 11, 44
unité astronomique (UA) 79, 120 [G]
unités de mesure 79
Univers 79, 80, 81, 120 [G]
Univers, destin de l' 82
UNIVERS, DIMENSIONS DE L' **78**
UNIVERS, EXPANSION DE L' **82**
UNIVERS, VIE AILLEURS DANS L' **98**
Univers fermé 82
Univers oscillant 82
Upsilon Andromedae 101
URANUS 8, 11, **44**

V

vallée Arès 113
vallée Marineris 36, 107
Van Allen, ceinture externe de 24
Van Allen, ceinture interne de 24
Venera 109
vent solaire 13, 24, 25, 41
VÉNUS 8, 10, 109
Verseau 60, 61, 63
Very Large Telescope 92
vie 23, 99
Vierge 60, 61, 63, 65
Vierge, amas de la 73, 79
Vierge II, amas de la 73
Vierge III, amas de la 73
VIE AILLEURS DANS L'UNIVERS **98**
VIKING **107**
VOIE LACTÉE 8, 58, 59, 62, 65, 69, **70**, 71, 72, 79, 86, 98
Voiles 63
volume 120 [G]
VOYAGER 43, 45, **108**
Voyager 2 44

W

Wilson, mont 90

Z

zénith 120 [G]
zéro absolu 120 [G]
zodiaque 60, 120 [G]
zone continuellement habitable 99
zone de convection 12
zone radiative 12

Les termes en MAJUSCULES et la pagination en **caractères gras** renvoient à une entrée principale. Le symbole [G] indique une entrée de glossaire.

Crédits photographiques

Le Système solaire
page 13
hg : JSC/NASA

Planètes et satellites
page 19
b NSSDC/NASA

page 20
cd et **bd** JPL/NASA

page 32
bd JSC/NASA

page 33
bg KSC/NASA

page 36
cg, **cc** et **bg** U.S. GeologicalSurvey/NASA;
cd et **bd** JPL/NASA.

page 37
cd JPL/NASA;
bg et **bc** IVV/NASA.

page 39
hd D.Roddy/Lunar and Planetary Institute/IVV/NASA;
cg New England Meteoritical Services, The Robert A. Haag Collection;
cd Agence spatiale canadienne : comité consultatif sur les météorites et les impacts;
bg The Robert A.Haag Collection.

page 41
hd NSSDC/NASA;
bd HST/NASA.

page 42
Io et **Europe** : NASA;
Ganymède et **Callisto** : JPL/NASA;
bg JPL/NASA.

page 43
Mimas, **Dioné**, **Japet**, **Rhéa** : NSSDC/NASA;
Titan : JPL/NASA.

page 44
Umbriel, **Ariel**, **Obéron**, **Titania** et **hg** JPL/NASA;
Miranda: U.S. Geological Survey/NASA/JPL/NASA.

page 45
hd et **cd** JPL/NASA;
b JPL/NASA/ U.S. Geological Survey/NASA.

page 46
bg JPL/NASA

Les étoiles
page 49
hd NOAO

page 53
hg H. Bond (STScI)/NASA;
hd HST/NASA;
bg T.Nakajima (CalTech)/S. Durrance (Johns Hopkins University)/NASA.

page 55
hd A.A.O. ;
bg Max-Planck-Institute for Extraterrestrial Physics.

page 57
bd L. Ferrarese (Johns Hopkins University)/NASA

page 58
hc Mount Wilson observatory/NASA;
bg J. Hester et P. Scowen (Arizona State University)/NASA.

page 59
h University of Alabama

page 64
cg Dominique Dierick et Dick De la Marche

page 65
bd NOAO

Les galaxies
page 68
NGC 1232 et **1365**: ESO;
Grand Nuage de Magellan : NOAO;
galaxie Sombrero : AURA/NOAO/NSF.

page 71
hd Lund Observatory, Sweden.

page 72
bg Jason Ware / Galaxy Photo

page 74
bg ESO NTT et Herman-Josef Roeser/HST/NASA

page 75
hd AURA/STScI;
bd NRAO/AUI.

Structure de l'Univers
page 83
bd COBE Science Team/DMR/NASA

Observation astronomique
page 85
bd GSFC/NASA

page 86-87
de **gauche** à **droite** NASA/Compton Observatory Egret Team, ROSAT All-Sky Survey, J. Bonnell et M. Perez (GSFC)/NASA, Observatoire de Lund, Suède, GSFC/NASA, COBE Science Team/DMR/NASA, C. Haslam and al. (MPIfR), Skyview/NASA.P.

page 94
hg IVV/NASA

page 95
Galaxie de la Roue de la Charrette : Kirk Borne (STScI)/NASA;
nébuleuse de l'Aigle : J. Hester et P. Scowen (ASU)/NASA;
champ profond d'Hubble : Robert Williams (STScI)/NASA;
Êta Carinae : J.Hester(ASU)/NASA/HST/WFPC2.

page 96
hg et **bg** NRAO;
bd National Astronomy and Ionosphere Center/Cornell University/NSF/NASA.

page 99
cd : Calvin Hamilton/LPI/NASA;
bg : Photo researchers/NASA.

page 100
Orion : C.R. O'Dell et S.K. Wong (Rice University)/NASA;
disques protoplanétaires : M.J. McCaughrean (Max-Planck-Institute for Astronomy)/C.R. O'Dell (Rice University)/NASA;
protoplanète (constellation du Taureau) : S. Terebey (Extrasolar Research Corp)/NASA.

Exploration spatiale
page 104
cg et **b** U.S. Geological Survey/NASA;
cd JPL/NASA.

page 107
bc et **bd** NSSDC/NASA

page 108
bg U.S. Geological Survey/NASA;
bc et **bd** JPL/NASA.

page 109
hg NSSDC/NASA;
cg JPL/NASA.

page 110
Jupiter : USGS/NASA;
Europe : JPL/NASA;
Io : U.S. Geological Survey/NASA;
Ganymède : JPL/NASA;
Callisto : JPL/NASA.

page 113
b U.S. Geological Survey/NASA.

page 114
bg NSSDC/NASA;
bd Malin Space Science Systems/NASA.

page 116
bg JHUAPL/NASA;
cd JPL/NASA.

Sauf indications complémentaires, les photographies sont identifiées comme suit : **h** haut **c** centre **b** bas **d** droite **g** gauche